U0731472

大型复杂装备协同式虚拟维修训练技术

李向阳 张志利 王 蕊 梁 丰 著

科 学 出 版 社

北 京

内 容 简 介

本书研究了协同式虚拟维修训练系统及其仿真支撑平台的总体框架设计,设计了协同式维修任务过程模型、任务分配与决策方法,建立了面向维修对象的协同式虚拟维修操作过程模型,设计了基于装配体拆卸/装配矩阵的协同式拆卸/装配操作过程控制算法,研究了其中的人机交互特征建模,建立了协同式人机交互控制模型,研究了异构数据信息转换、描述和处理,以及并发冲突控制和数据一致性实现方法。

本书可作为高等学校计算机工程、仿真技术、电子信息、维修与维修性工程等相关专业本科生和研究生的教材,也可供工程技术人员和研究人员参考。

图书在版编目(CIP)数据

大型复杂装备协同式虚拟维修训练技术/李向阳等著. —北京:科学出版社,2017.5

ISBN 978-7-03-052197-2

Ⅰ. 大…　Ⅱ. 李…　Ⅲ. 武器装备-维修　Ⅳ. E92

中国版本图书馆 CIP 数据核字(2017)第 056737 号

责任编辑:魏英杰 / 责任校对:桂伟利
责任印制:张　伟 / 封面设计:陈　敬

科学出版社 出版
北京东黄城根北街 16 号
邮政编码:100717
http://www.sciencep.com
北京教图印刷有限公司 印刷
科学出版社发行　各地新华书店经销
*
2017 年 5 月第　一　版　开本:720×1000 B5
2017 年 5 月第一次印刷　印张:13 3/4
字数:278 000

定价:90.00 元

(如有印装质量问题,我社负责调换)

前　言

协同式维修是指在大型复杂装备维修过程中多个维修人员在技术部门和保障单位的协同配合下，按照装备中故障部件的维修工艺、技术规范和操作步骤所实施的维修活动，具有协同性、一致性和交互性的特征和需求。随着自动化程度密集、智能化水平高的新一代大型复杂武器装备服役部队，其结构组成复杂、集成度高，使得维修难度大、操作过程复杂，通常需要多个技术部门和维修人员的协同配合才能顺利完成相应的维修任务。目前，部队缺乏相应的维修训练技术手段和保障资源，使得维修人员的训练和培养严重滞后。随着数字样机(DMU)和虚拟现实(VR)等技术的飞速发展，虚拟维修(VM)为复杂产品的维修训练和维修性分析与设计提供了重要的技术支撑。但是，采用传统的 VM 技术开展大型复杂装备的维修技能训练，由于未考虑多个维修人员之间的任务分工、协同操作和数据一致性等问题，其中的维修过程建模、操作行为描述和信息通信处理都较为简单，无法真实反映复杂装备的真实维修过程，也不能满足大型复杂装备维修训练的现实需求。

随着大型复杂装备维修训练及其保障需求的日益增加，协同式虚拟维修(CVM)技术便应运而生。CVM 技术将 VM 技术与计算机支持的协同工作(CSCW)相结合，通过开发具有较好沉浸感、交互性和可感知性的 CVM 训练环境(CVMTE)，为维修技术部门和操作人员提供一个获取维修知识和操作技能的训练平台，在实现多个维修人员共享维修资源和数据信息的同时，能够实现多人之间的协同工作和配合操作，从而为多个维修人员协同进行复杂装备的维修训练提供支撑技术和实现途径，为其维修性分析、保障资源优化、维修方案设计和人因工程分析提供技术手段。

目前，国内外学者开展的相关研究工作集中于利用桌面式或者半沉浸式 VR 技术，针对不同应用领域的 VM 训练系统(VMTS)进行应用开发研究，探索对单个维修人员进行操作训练的新技术和新方法。而对于组建 CVM 训练系统（CVMTS）进行大型、巨型武器装备多人合作维修操作训练的技术研究尚处于探索阶段，相关的课题研究和论文发表也较少。此外，由于沉浸式 CVMTE 构建时所需的设备较为复杂，成本较为昂贵，技术交叉程度高，使得相应的 CVM 训练（CVMT）技术研究和应用开发也受到了一定的限制。从当前国内对 CVMT 技术进行的相关研究来看，缺乏一个能够支持不同技术领域且具有较好通用性的仿真支撑平台（SSP），为此针对多个操作人员进行大型复杂装备协同式维修训练的具体需求，需要探索如何组建具有较好稳定性、通用性、扩展性、实时性和沉浸感的 CVMTE，研究多个维修人员的动态任务分配、操作过程建模、人机交互控制、协同配合机制，以及数据信息共享、交互通信和冲突控制机制等基础技术，开发出能够满足不同应用需求的 CVMTS 及其 SSP，是今后 VM 技术的重要发展方向之一，也是迫切需要解决的实际问题和关键技术所在。

鉴于目前国内尚无此类较为系统全面地论述大型复杂装备 CVMT 技术与方法方面的专著，面向学科和领域前沿，并结合科研实际，作者将近 10 年来的研究成果撰写成本书，希望可以抛砖引玉。全书分为 7 章。第 1 章主要介绍 CVMT 的相关技术及其研究现状，给出全书的撰写思路与结构安排。第 2 章分析大型复杂装备 CVMTS 的具体功能需求，对应用系统及其成员进行总体框架和功能结构设计，研究了大型复杂装备 CVMTS 及其 SSP 的实现方法。第 3 章分析 CVMTS 中维修任务过程的建模特点，研究基于 Petri 网的协同式维修任务过程建模及其动态分配策略。第 4 章着重分析 CVMTS 中维修操作过程的协同模式及其建模特点，研究基于时间颜色 Petri 网的 CVM 操作过程描述方法，以及 CVM 操作过程的仿真算法。第 5 章研究虚拟人体运动仿真技术，尤其是多个虚拟维修人员的协同交互控制方法与技术，建立了协同式人机交互控制模型。第 6 章主要针对 CVMTS 中异构数据信息的交互通信与协同处理需求，研究了异构数据信息的分发管理、并发冲突控制、仿真时间管理及数据一致性实现等方面的方法与技术。第 7 章论述基于沉浸式 VME 进行大型复杂装备 CVMTS 开发的相关技术和实现途径,并结合仿真实例验证了 CVMTS 及其 SSP 框架结构的通用性和可扩展性,以及各项技术的正确性和先进性。

本书的出版得到火箭军工程大学各级领导和许多专家的支持与帮助。本书的出版得到了军队“2110 工程”三期建设的大力资助。此外,科学出版社魏英杰也付出了辛勤的劳动,在此一并表示感谢!

中国工程院院士、火箭军工程大学黄先祥教授对本书的出版给予了热情帮助和悉心指导,并亲自对初稿进行审阅,提出了诸多宝贵的修改建议。黄院士严谨认真的工作态度和奖掖后学的关爱精神,令我们感动不已,在此表示衷心感谢!

限于水平,不妥之处在所难免,恳请同行专家和读者批评指正。

李向阳

2016 年 9 月于西安

目　录

第1章　绪　论

1.1　技术背景与研究意义

维修的本质是指使产品保持或恢复到规定技术状态所进行的全部活动[1,2]，典型的维修包括准备、诊断(故障检测和定位)、更换(拆卸和装配)、调整和校准、保养、检验，以及原件修复7个步骤。导弹发射车、军用飞机、军舰和航空母舰等大型复杂装备，是集机械、液压、电子、光学、计算机、自动控制等技术于一体的复杂系统。其组成零部件数以万计，总体结构极其复杂、集成度较高，自动化、信息化和智能化水平日趋增加，使得大型复杂装备的维修难度大、操作过程复杂，常需要多个技术部门，以及维修人员的协同配合才能顺利完成相应的维修任务[3]。针对大型复杂装备的维修特点和训练任务需求，不但需要考虑装备各零部件的维修工艺、技术规范和操作步骤，而且需要考虑不同工位上维修人员的维修任务规划与合理分配，以及维修操作过程中多个维修人员相互之间的协同配合。

然而，当前大型复杂装备的维修教学和训练主要依赖于实际装备。由于受到实装数量和训练场地的限制，受训人员数量及其训练时间难以保证，训练效率低下、成本较高[4]。同时，结合实装进行维修训练，操作模式和训练内容极其有限，受训人员对于零部件故障现象及其维修操作的理解与体会较为抽象，不能直接获取真实有效的维修知识与操作技能。尤其对于新型复杂武器装备，在装备到位之前无法开展相应的维修训练。考虑到新型武器装备造价昂贵、系统组成复杂和战备的完好性需求，其配备部队后也不可能被用于维修训练，从而导致相应的维修技术人员极其缺乏。当武器装备在野外实装演练和作战过程中出现故障时，需要返厂进行故障检测和维修，时间周期长，效率低下，且成本较高，战时还会贻误战机或者造成装备受毁，严重制约了大型武器装备的实战生存和作战能力。这是当前国际军事信息化建设飞速发展的情况下迫切需要解决的技术难题。

与传统的维修训练手段相比，虚拟维修训练（virtual maintenance training，VMT）技术具有较好的通用性、可重用性和资源共享性，便于系统维护和扩展，降低了开发成本、缩短了开发周期，为国防工业和军事领域复杂装备的日常维护和故障维修训练提供了经济有效的解决途径。但是，现有的研究成果和应用系统[4-16]主要是针对单个维修人员的操作训练需求，对基于非沉浸式或桌面式虚拟现实（virtual reality，VR）技术开发单机维修训练系统涉及的各项技术进行研究和探索，没有考虑多个维修人员之间的相互配合和协同操作等问题，不能够真实地展示大型复杂装备实际维修操作过程的本质实现。

协同式虚拟维修（collaborative VM，CVM）技术正是为了解决大型复杂装备真实维修训练的迫切需求，在将 VM 技术与计算机支持的协同工作（computer supported cooperative work，CSCW）技术相结合的基础上逐步发展起来的。CVM 在实现多个维修人员共享维修资源和数据信息的同时，还能实现其相互之间的协同感知和配合操作，从而为多个维修人员协同进行大型复杂装备的维修操作训练提供支撑技术，并对其维修性分析、维修方案优化设计和人因工程分析提供技术手段。然而，CVM 技术涉及的理论知识和技术领域较为广泛和复杂，相应的训练系统开发难度较大，因此这方面的研究不多。

近年来，一些学者尝试用复杂系统建模方法和分布式仿真技术对协同式维修过程进行建模和仿真，取得了一定的效果[17-20]。目前，国内外的研究主要集中于大型复杂装备的协同设计、维修性分析与设计、人因工程分析等应用领域，对于 CVM 及其训练模式只是进行了初步的技术研究。对于通过开发具有较好通用性和可扩展性的仿真平台，组建具有较好沉浸感的虚拟环境（包括立体投影系统、人体运动捕捉系统、空间位置跟踪装置、数据手套等 VR 设备和 VR 仿真平台）开展 CVM 训练（CVM training，CVMT），很少见到相关的报道和文献。本书从大型复杂装备的维修任务需求、维修操作规程和协同配合机制入手，初步探讨了多个维修人员 CVMT 中的各项关键技术。本书的研究对于培养维修人员真实的协同维修操作技能，进而及时恢复和保持大型武器装备的作战能力，确保作战部队在信息化战争条件下的作战和生存能力，都具有重要的军事意义和良好的经济效益。

1.2 CVMT 的相关技术研究现状

1.2.1 VMT 技术

VM 是实际维修过程在计算机上的本质实现[12]，作为一门新兴的先进仿真技术，源于汽车、飞机、船舶等复杂系统研制中对维修性工作的迫切需求[15]。VM 以计算机技术、信息技术、仿真技术和 VR 技术为依托，在由计算机创建的，包含产品 VM 样机和维修人员三维人体模型，以及底层驱动数学模型的虚拟环境中，采用维修人员在回路或者驱动人体模型的方式，通过协同工作模式和人机交互控制对整个维修过程进行仿真，实现产品维修性的分析与设计、维修过程的规划与验证、维修操作训练与维修支持、各级维修机构的管理与控制等产品维修的本质过程，以增强产品寿命周期各阶段、产品全系统各层次的辅助分析和决策控制能力[11]。

由此可见，VM 在宏观上属于仿真范畴，同时又强调具有 VR 系统的三个特征，即沉浸性、交互性和自主性[12]。VM 主要有交互式 VM 和沉浸式 VM 两种实现方式，如表 1.1 所示。前者采用虚拟操作人员修理虚拟产品的方式，完全通过人体模型的控制算法来驱动对象模型完成维修操作仿真。后者采用真实操作人员修理虚拟产品的应用模式，通过 VR 交互外设来控制人体模型动作，实现了“人在回路”的维修操作仿真。

表 1.1　交互式 VM 和沉浸式 VM 技术对比

项目	交互式 VM	沉浸式 VM
最终目标	设计、分析、验证、评估、优化产品维修过程提高产品维修性，提高产品维修性	设计、分析、验证、评估、优化产品维修过程提高产品维修性，提高产品维修性和保障性
任务	维修过程设计验证；维修性分析、验证与评估	维修过程设计验证；维修性设计、分析、验证与评估
技术任务	维修仿真模型建模；维修任务和过程规划；维修过程演示；维修性分析评价	维修仿真模型建模；维修任务和过程规划；维修过程演示；维修性分析评价
应用领域	维修过程分析；维修性定性/定量分析；维修保障分析；人机工程；维修训练	维修过程设计、分析；维修性定性/定量分析；维修保障分析；人机工程；维修训练
使用虚拟设备	否	是
使用虚拟环境	不一定	是
预先设定条件	需设定维修任务、拆装顺序和拆装路径	是
所需虚拟资源	无要求	维修车间设备；外场维修设备；维修工具

如同真实维修过程一样，VMT 技术研究同样需要考虑维修对象、维修人员、维修资源（维修工具、测试设备、维修设备、保障设施、备用零部件等）和维修操作过程信息 4 类要素。首先，通过数字样机（digital mock-UP，DMU）技术实现对维修对象、维修工具、测试设备、维修设备、保障设施、备用零部件的外观与功能行为表达。其次，利用虚拟人体建模与仿真技术实现对维修人员的行为模拟，包括真实外观、行为特性、运动仿真，以及维修操作等。最终，根据不同的实现方式，交互式 VM 利用维修操作过程信息，通过虚拟人体模型控制算法及 DMU 所提供的功能，驱动虚拟人体模型执行维修操作；沉浸式 VM 则根据维修过

程信息对维修工作状态进行判定，实时读取VR外设的输入数据信息，从而在VME中正确地表达人体模型与DMU的行为变化实现维修作业仿真。

随着DMU和VR等的飞速发展，VM为复杂产品的维修训练和维修性分析与设计提供了重要的技术支撑。通过开发具有较好沉浸感、交互性和可感知性的VMT环境（VMT environment，VMTE），能够为维修技术部门和操作人员提供一个获取维修知识和操作技能的训练平台。VMT系统（VMT system，VMTS）基于VME创建维修对象和维修资源的数字化模型，利用虚拟的维修过程对维修人员进行教学和训练，从而在缩减训练时间、提高训练效果、降低训练成本、保障人员装备安全和克服环境条件等方面，具有实装训练无法比拟的优势。

自20世纪90年代初至今，国内外各研究机构和高校为了克服大型复杂装备实际维修教学和训练中各种不利因素的制约，针对VMT技术及其在复杂系统中的工程应用方面，进行了大量的理论研究、尝试和创新，取得了较好的应用效果。

1990年，美国NASA的哈勃望远镜（Hubble space telescope，HST）VMTS是该领域的典范[11,21]，也是人类历史上第一次大规模采用VMT技术完成实际任务。1992年，英国的先进机器人研究实验室（ARRL）帮助Rolls-Royce公司利用VR技术进行飞机发动机的故障检测和维修规程学习。此后，Rolls-Royce公司又开发研究了一个皇家海军舰载原子能推进系统维修训练项目，取得了良好的军事和经济效益[22]。1995年，Lockheed Martin公司利用VM技术很好地解决了F-16战斗机项目中的维修性分析和人因学设计方面的技术问题，极大地改善了维修性设计技术手段，促进了维修性工程人员与设计人员的信息交流[23]。Boeing公司基于建立的VR实验室，采用VM技术对联合攻击机JSF的保障性进行评估和试验，提高了维修人员参与到JSF设计过程早期阶段的能力[24]。美国空军Armstrong Lab与宾夕法尼亚大学联合开发的 DEPTH(design evaluation for personnel training and human factors)系统,通过人员训练与人素的设计评估进行维修与保障分析,进而提前确定维修过程内容与过程中的人力资源需求,同时将维修仿真结果输入 IETM(interactive electronic technical manual)能够形成新的维修训练资料,大大减少了以往重复性的开发工作[25,26]。1998年,日本京都大学的 ISHII 等提供了一个可视化的 Petri 网建模工具,用于对虚拟场景对象行为进行较为详细的描述,从而可以快速建立 VR 维修训练系统[27,28]。美国联邦航空局开发了一个用于飞机检测人员培训的 VR 系统,方便了与飞机维修保障相关的各种研究活动的开展,并加深了受训人员对工效学相关因素对检测过程影响的理解[29]。新加坡南洋理工大学研发了基于桌面虚拟环境的维修培训系统 V-REALISM,采用面向对象的思想,通过友好的可视化用户界面为培训者提供了操作的方便性和良好的学习环境[4,5]。

与国外相比,国内对于 VMT 技术及其在实际工程中的应用研究,起步相对较晚,依赖于国外先进的技术平台和国内应用环境的结合。近几年来,随着计算机图形/图像技术、VR 技术、信息技术和软件工程的日新月异,以及制造工业和军事领域日益增长的应用需求,使得国内在该领域的技术研究和应用开发也得以快速发展,取得了一系列的研究成果。

清华大学杨宇航等利用非沉浸式、低成本的桌面式 VR 技术,开发了导弹维修训练系统(MTS),该系统能够针对不同的维修对象和任务建立相应的维修训练应用系统[30]。

军械工程学院苏群星等[6,7]设计了由虚拟样机(virtual prototyping,VP)和 VM 过程仿真控制两部分组成的大型复杂装备 VMTS,研究并提供了基于维修知识描述网的维修知识描述方法和沉浸式 VMTS 仿真控制流程。Xie 等[8]提出一种基于 MAS 的 VMTS 设计方法,建立了 VME 中受训人员的智能模型和虚拟对象的行为模型,介绍了基于概念模型的多个Agent之间的交互和协同机制。方传磊等[9]对基于资源重用性、系统通用性的导弹装备VMT通用平台进行了研究，介绍了通用平台的总体结构设计和基于EON Studio开发的VMT原型系统。田成龙等[31]提出VMT内容聚合模型，创建了适合VMT的元数据，为VMTS提供课程内容。赵吉昌等[32]研究了基于NGRAIN的装备VMTS开发，介绍了讲解演示和维修操作训练两类VM训练内容的开发经验和方法。

国防科学技术大学卢晓军等[33]将虚拟人应用于维修仿真过程中，运用虚拟人的几何建模与动作控制技术，基于Jack开发环境实现了一个面向维修训练的VMTS，显著提高VME的逼真性和真实感，改善了人机界面的交互性能。

装甲兵技术学院臧国华等[34]提出一种基于故障传播有向图的故障建模与仿真方法，解决了VM对象的数据生成，设计了维修训练的仿真实现。装甲兵工程学院杜松阳等[35]为提高发动机VMT的真实性和实时性，研究了VMTS开发过程中的碰撞检测技术和场景优化技术。陈曼青等[36]提出基于路径包围盒关键点技术的可能性碰撞检测方法的实施策略，并在VMTS中进行了实现。

海军工程大学朱晓军等[37]利用VR技术分析了舰船维修虚拟训练平台的系统结构，并对系统实现中的虚拟对象建模和交互控制模块问题进行了研究。海军大连舰艇学院和浙江大学CAD&CG国家重点实验室的常高祥等[38]，将数据库技术应用到VMTS中，提高了系统开发的效率。

第二炮兵工程大学（现今火箭军工程大学）王强等[16]利用NGRAIN开发了某型发动机的VMTS，实现了VP模型处理、维修过程仿真动画生成、VM操作流程控制和VMT课程设计。

目前，国内各高等院校针对不同的应用需求，针对开发桌面式或单机维修训练系统的各项使能技术进行研究和分析，取得了一定的阶段性成果。为开展大型复杂装备多操作人员协同维修训练、维修性设计与分析、人因工程分析和跨地域远程维修指导等方面的应用研究，提供了重要的技术支撑和实践指导。

1.2.2 CSCW 技术

协同维修工作是由群体成员互相协作、共同完成的，成员的工作方式明显地具有群体性、交互性、分布性和协作性等基本特征。CSCW 技术正是为了支持人们在协同工作方式的背景下产生的，最早是在 1984 年由美国 MIT 的 Grief 和 DEC 公司的 Cashman 提出的[39-41]。CSCW 可以理解为在计算机技术支持的环境下，特别是在计算机网络和多媒体环境下，一个群体协同工作完成一项共同的任务，其目标是要设计支持各种各样协同工作的应用系统[41-43]。

CSCW 强调的是参与协同工作的人员采用群体方式共同工作，充分考虑相应的协作过程及其对资源协同调度和使用，从而最大限度的缩短工作周期，减少资源闲置与浪费，提高生产效率[44,45]。CSCW 的研究内容涉及很多方面，与 CVM 技术密切相关，主要包括协作控制机制、群体协作模式、协作同步机制、CSCW 模型和体系结构、群组通信支持、应用共享技术、多媒体技术、应用系统开发和集成等技术[44,46]。CSCW 是通过对协同的概念、方式及其在人类社会交流意义上的本质机理进行的分析与研究，它抛开了各种具体应用和特定协同模式的束缚，建立通用的协同模型以支持协同的本质机制[41]。CSCW 技术为大型复杂系统的团队协同设计、分析及其应用开发，提供了重要的理论分析手段。然而，由于其侧重的是对群体协作模式和工作方式的行为描述，对于 CSCW 应用系统的仿真开发则需要相关领域的使能技术作为支撑。

目前，针对不同的应用领域和功能需求，一些学者对 CSCW 的体系结构及其平台开发进行了相应的研究[45-48]，并且在复杂产品的协同机械设计[49-51]、信息化管理[48]、协同工艺设计[45,52]和远程维修[53]等领域取得了较好的应用效果。这些研究成果为大型复杂装备CVM训练系统(CVM training system,CVMTS)的开发设计提供理论指导和技术参考。然而,现有的各种CSCW系统没有统一的技术标准,不具有跨系统平台的互操作能力,缺乏数据信息的互用性,从而制约了应用系统的通用性和可扩展性[50]。为此,对于组建涉及多个技术领域,且具有一定耦合性要求的大型复杂装备CVMTS而言,CSCW技术不能很好地满足系统的仿真开发需求,需要有相关领域的先进技术作为其底层支撑,如HLA、MAS等。

1.2.3 协同任务及协同过程建模技术

在CVMT过程中,同一个维修任务是由多个维修人员通过并行或串行协作来完成的。为此,需要根据不同工位维修人员的职能,对其负责的维修任务进行合理规划和分配,并对维修人员之间的操作配合进行合理安排,避免执行时间和共享资源的冲突,从而保证协同式维修操作过程高效、有序地进行。此外,随着协同维修过程的进展和操作步骤的变化,剩余的总体维修任务会随之发生变化,各工位维修人员的维修任务,以及人员间的协作关系也随之变化,即CVMT中的任务分配是一个随协同维修操作进度动态变化的过程。为了高效地对大型复杂装备各零部件的维修任务和人员协作过程进行合理规划和智能管理,就需要对CVM中的任务规划及其动态分配和协同维修过程的建模和仿真技术进行深入研究。

协同式维修是多个维修人员同时配合完成复杂装备的某一项维修任务。CVMT的任务规划及其动态分配和协同维修过程在考虑装备维修任务规划和操作工序的同时,还需要考虑多个维修操作人员的并发访问和冲突控制。目前,用于协同任务与过程的建模技术主要有IDEF[54,55]、UML(unified modelling language)[56,57]、PERT图[58]、遗传算法[59,60],以及Petri网[61-64]等。这些建模技术均有各自不同的应用领域,能够实现对系统行为、软件开发、项目管理,以及实施进度的过程描述。相对而言,Petri 网能够模拟各类复杂系统的动态行为与并发活动,是描述和分析具有分布、并发、异步特征系统的有效模型工具,非常适合研究协同任务与过程建模中的资源共享、竞争等问题[65,66]。

对于传统的 Petri 网,由于复杂系统中的节点数目众多、规模庞大、关联复杂,模型的建立及特性分析就变得极其困难。针对不同领域的应用需求和传统 Petri 网的缺点,研究人员对 Petri 网进行了一系列的改进,提出双 Petri 网(DPN)[67]、面向对象 Petri 网(OOPN)[68,69]、增广 Petri 网(EPN)[63,70]、模糊 Petri 网(FPN)[71,72]、着色 Petri 网(CPN)[73,74]和合成 Petri 网[75,76]等一系列 Petri 网模型。为了对大型复杂装备维修任务及其协同维修过程进行仿真分析,在构建其维修任务的协同分配和操作过程模型时,既需要考虑维修任务和操作工序之间存在的逻辑关系,同时也要分析因维修时间要求、协作同步机制、维修资源限制及竞争所带来的影响。进而,探索并建立高效可靠的大型复杂装备 CVM 任务及过程模型,对其协同维修过程的任务分配和多人配合操作进行动态控制和智能化管理,确保其按照正确合理的逻辑和时间顺序进行协同执行。

1.2.4 协同式虚拟环境数据信息一致性技术

CVMTS 采用分布式协同虚拟环境(distributed collaborative virtual environment,DCVE)将位于不同地理位置的多个用户或多个虚拟环境通过 WLAN 网络相连接[77],实现多用户之间的数据信息共享/交换、协同人机交互和并发操作控制及其过程的动态仿真,并运用沉浸式 VR 技术创建具有较好沉浸感、交互性和逼真度的多维信息虚拟环境——CVMT 环境(CVMT environment,CVMTE),使训练人员能够“身临其境”地感知和获取真实的维修知识和技能。CVMTE 在开发过程中采用的网络、操作系统、数据库和数据格式等存在异构特性[3],其中的数据信息不但具有不同的数据格式和表达形式，而且会被多个用户节点并发访问、修改和更新，使得CVMT过程中的数据信息通信与交互处理极其复杂。

CVMTE中各类仿真模型所包含的状态和数据信息，在被任一协作用户修改时，都会发生相应的状态参数和属性信息更新，同时还需要把更新后的状态和数据信息实时地在多个用户节点进行同步显示。为此，CVMTE中各类状态参数和数据信息就必须保持高度的一致性。然而，由于CVMTS中存在巨大的数据通信量，而实际网络带宽往往比较有限，网络堵塞、数据延迟和丢包将不可避免，导致各用户节点接收到的状态和数据信息的时间点不同，同一操作在不同时间点执行，各用户节点出现不一致的状态。这种不一致状态将会严重影响系统的使用，甚至造成系统出现大量错误而终止运行。如何确保分布式协同虚拟环境中的数据信息一致性，实现多用户之间"你见即我见"的实时同步操作和互操作，是CVM中的难点和关键技术之一。

目前，对于协同式工作中数据信息的一致性实现及其研究主要集中在防止不一致的发生和发生不一致后的状态修复[18]。针对不同的应用领域，人们主要从异地编辑、多副本同步和并发冲突操作等可能导致数据不一致性的方面进行探索和研究[78,79]，提出DR(dead reckoning)算法[80]、桶同步算法[81]、时间扭曲状态修复机制[82]、锁同步技术[83]、状态预测传输机制及状态请求机制[84]等方法，在一定程度上解决了不同应用系统的相应需求。然而，CVMT中的数据信息一致性还要能够满足协同操作过程中的实时性和层次性需求。基于HLA的协同处理机制[85,86]能够利用RTI提供的功能服务对协同成员进行管理，通过DDM策略和时间管理机制，保证多个用户节点之间的数据信息按照一定的顺序和规则进行发送、接收和处理。在实现数据信息一致性的同时，确保协同操作具有一定的实时性，为CVMTS的功能实现和可靠运行提供了有效的解决途径。

1.2.5 CVM 并发冲突控制技术

CVM 过程需要将分布在不同地方的独立虚拟环境子系统进行互联，从而满足多个用户协同工作的需要，这就使良好的互操作性成为 CVMTS 正常运行的前提条件。然而，当多个用户节点对同一个实体对象模型进行并发访问或操作时，其对该对象模型的所有权需求就会发生冲突，从而导致当前的输入操作无法被系统所执行。随着并发冲突的传播，最终会导致 CVMTS 无法运行。并发冲突控制的目的是在发生共享资源并发访问或操作的情况下，对多个用户的操作行为进行协调，防止并发冲突的发生[18]。并发冲突控制主要是从冲突避免、冲突检测和冲突消解三个方面进行的[87,88]。

冲突避免是指通过某种规则对多个用户的操作进行限制，从而避免冲突的发生。主要的实现方法有基于锁的并发控制[89,90]、乐观并发控制[91]、时标并发控制[92]和令牌机制[93]等。然而，由于并发冲突是 CVM 过程的本质现象，现有的各种冲突避免技术及手段，只能在一定程度上减少和避免一定数量、类型的冲突，不能完全消除冲突。为了及早地发现冲突，并尽可能地在起始阶段解决冲突，避免由于冲突的传播引起的无效工作及巨大的返工量，影响 CVMT 的质量和效率，必须采用有效的冲突检测手段，在并发冲突已经潜在，并即将发生或已发生但尚未进一步传播时，及时检测出系统中的并发操作，做出相应的正确处理。常用的冲突检测方法主要有基于 Petri 网的冲突检测、基于真值的冲突检测、基于约束的冲突检测、基于启发式分类的冲突检测等[94,95]。冲突消解是指依据一定规则对发生冲突的并发操作进行协调处理的过程。当 CVMT 过程中检测到冲突发生时，就必须依据所产生冲突的特征、形式和内容，为协同成员提供相应的对策和建议以解决冲突。常用的冲突消解方法主要有回溯法、约束松弛法、仲裁与协商解决、多版本法和综合冲突消除法等[95,96]。

由于CVM训练过程中的并发冲突不可避免，因此如何科学高效地控制和消除冲突，是VCMT中需要解决的关键技术问题。协同过程中并发操作引发的冲突种类和原因繁多，对于协同过程中产生的各种冲突，目前尚难有一个普遍通用的消除和控制方法，较为有效的做法是在并发冲突发生前积极预防、避免；在冲突发生后及时进行检测，并进行判断；对检测到的冲突判断和确定之后，能够有效地消解[18]。针对大型复杂装备CVM的具体需求，需要研究并设计出相应的、高效的并发冲突控制机制，确保多个受训人员能够协同配合地完成大型复杂装备的维修训练任务。

1.2.6 虚拟人体运动仿真及实时交互控制技术

在大型复杂装备CVMT过程中，为了实现"人在回路"和逼真直观的训练效果，在基于沉浸式VR设备和技术创建的CVME中通常会加入虚拟人体，受训人员通过控制虚拟人体实现与维修对象、维修资源等实体模型之间的交互操作，从而获取真实有效的维修知识、操作技能与维修体验。虚拟人体运动仿真是基于虚拟人体建模及其运动控制而实现的，为了对CVMT过程中虚拟人体的运动和操作进行实时交互控制，需要建立虚拟人体骨架结构和皮肤外形的几何模型和运动模型，以及人机交互控制模型，进而在VR设备的实时驱动下，实现多个虚拟人体空间运动和协同维修操作的过程仿真及其交互控制。

为了保证虚拟人体运动仿真的逼真度和实时性效果，在对其进行建模时，需要根据仿真应用的具体需求采用合适的方法对人体外形进行建模。在实际装备维修过程中，维修人员的操作动作主要集中在两臂和手指部位，而身体其他部位主要是做相应的牵连和辅助动作。为此在进行人体骨架结构建模时，可以对身体不同部位进行不同精度的建模，尽可能地简化人体结构模型[97,98]，从而简化仿真运动的运算过程，提高仿真过程的实时性效果。

现有的人体皮肤模型主要有棒状体模型、实体模型、表面模型和多层次模型等四种类型[99]。表面模型组建简单、运算速度较快,能够通过表面纹理处理达到较好的逼真度,常用于虚拟人体运动仿真。人体运动仿真是通过骨架运动驱动皮肤变形,进而模拟相应的人体动作,最终的效果可以通过皮肤变形来实现。现有的皮肤变形方法主要有表面模型皮肤变形法和多层模型皮肤变形法[99-102]。对于通常采用的表面模型皮肤变形技术主要有刚性变形法[99]、局部变形算子法[103]、骨架驱动变形法[104]和基于实例的插值变形法[105,106]。根据 CVMT 的具体需求,需要对其进行对比分析,从而选取能够较好满足实时性和逼真度要求的变形方法。

为了实现对虚拟人体运动仿真的实时交互控制,需要借助现有的 VR 设备和技术,通过获取维修训练人员的操作输入信息,驱动 VME 中多个虚拟人体的运动仿真。目前,用于控制虚拟人体运动捕捉及仿真的 VR 设备从原理上可分为电磁式、机械式、光学式和光电式,如空间三维鼠标、空间位置跟踪系统、机械式人体运动捕捉系统、光学式人体运动捕捉系统、光纤式人体运动捕捉系统等。光学式人体运动捕捉系统由于具有较高的运动捕捉精度,且捕捉方式简单,能够实现对人体全身运动数据的实时捕捉。现有的应用系统主要用于动画制作[107,108]或是利用运动捕捉数据实现离线的运动仿真驱动[109,110]。为了实现"人在回路"的训练方式,需要研究光学式人体运动捕捉的在线交互控制技术及其实现方法。

1.3 全书主要思路和工作

与传统的 VM 技术相比,CVM 最大的优点是具有协同感知和并发协作的特性,能够为多个维修人员通过本地协同或异地协同方式进行大型复杂装备的维修训练提供有效的解决途径。然而,CVM 技术涉及的知识领域较为广泛和复杂，本书研究的主要目的是通过组建具有较好沉浸感、交互性和可感知性的 CVMTS，以“人在回路”的方式使维修人员获取直观的维修知识和真实的操作技能，因此仅对部分相关技术进行了研究。由于具有较好通用性和扩展性的体系结构和 SSP 是 CVMTS 的开发和运行基础，因此本书首先研究了 CVMTS 总体框架及各成员功能结构设计。其次，对 CVMT 过程中各维修人员所需承担任务的合理规划和动态分配进行分析和建模，然后根据维修任务的分配进行协同式维修操作过程建模分析和仿真研究，接着对维修操作过程中虚拟人体的运动仿真及其人机交互控制技术与方法进行对比研究和仿真实现，而后研究 CVMTS 中异构数据信息的交互通信及协同处理策略和方法。最后，对基于沉浸式 VME 的 CVMTS 进行组建和运行分析。

围绕 CVMT 过程中多个维修人员各自“需要承担什么维修任务”、“以何种方式进行何种维修操作”、“维修结果是否满足目标”，即 CVM 过程中的维修任务规划与分配、维修操作内容及协作模式实现、维修目标检测与任务决策等一系列问题，研究了以下相关的关键技术。

① 研究了 CVM 相关的支撑理论、技术与方法。研究和发展 CVM 技术的目的是为国民经济和国防服务，随着大型复杂产品和复杂装备在国防工业和军事部门中日益广泛的应用，对 CVM 的现实需求日益增强。为此，考虑到 CVM 技术涉及的知识领域的广泛性和复杂性，探讨了采用 CVM 技术进行大型复杂装备维修技能训练所需的相关技术及实现方法。

② 研究了 CVMTS 及其 SSP 的总体框架设计及功能开发。大型复杂装备的维修特点为其 CVMT 实施及 CVMTS 开发提出新的技术要求，如协同性、并发性、可感知性等方面的设计与实现。单一的体系结构很难满足 CVMTS 在层次结构、数据通信、接口协议、决策控制等方面的仿真需求。为此，基于 CSCW 的结构模型分析，提出一种基于 HLA 和 MAS 的 CVMTS 设计方法，并采用组合式层次结构和模块化

设计思想，遵照通用化规范要求，对 SSP 和联邦成员中的各类功能模块进行相互独立开发。

③ 研究了 CVMT 过程中维修任务的规划、分配和决策等过程建模，并提出相应的维修任务过程建模和动态分配策略。由于协同式维修操作任务是由多个维修人员共同承担的，因此根据装备的维修规程和操作流程确定的协同模式，需要确定维修实施过程中各维修人员所要完成的维修任务及其目标。同时，根据维修任务过程的不断进展，对各维修人员进行动态任务分配和结果评价决策。考虑到协同式维修任务的层次化结构和逻辑关系，提出基于 HCPN 的协同式维修任务过程建模与分析方法；结合该过程模型的动态演化特性提出基于 MAS 的协同式维修任务分配与决策方法。

④ 研究了 CVMTS 中维修操作过程建模及其行为描述，提出面向维修对象的 CVM 操作过程建模方法和基于拆卸/装配矩阵的维修操作仿真算法。由于维修操作过程是对维修任务过程的具体实现，两者是紧密结合且相互影响的，因此在分析协同式维修操作过程特点及其模式的基础上，根据分配的维修任务及其所需的各类要素，基于时间 CPN 模型对协同式维修操作过程进行行为描述和动态分析，从而为 CVM 操作过程建模与仿真提供参考依据。考虑到对于同一维修对象维修人员之间的协作关系不变，采用面向维修对象的思想建立零部件和装配体的 CVM 操作过程模型，并在此基础上提出装配体拆卸/装配操作过程仿真算法。

⑤ 研究了虚拟人体运动仿真及其协同人机交互控制技术，提出一种光学式运动捕捉数据信息补偿方法。通过对现有的人体建模方法进行对比分析，基于简化的虚拟人体骨架结构，采用表面模型法建立虚拟维修人员皮肤外形，利用骨架驱动皮肤变形法来刻画相应的人体维修动作。由于虚拟人体的骨架运动可以看做根节点的旋转和平移变换，以及其他节点相对于其父级节点的旋转变换，为此采用四元数旋转和

插值运算对虚拟人体运动仿真过程进行数据处理,并基于蒙皮算法对皮肤变形进行驱动。虚拟人体运动仿真的实时交互控制是受训人员获取真实操作技能的重要途径,本书研究了基于被动式光学运动捕捉系统的实时人机交互控制技术,用于实现真实受训人员对 VMTE 中虚拟维修人员的实时同步驱动,并提出基于辅助设备的光学式运动数据信息补偿方法。同时,研究了 CVM 中的人机交互特征建模和基于所有权管理机制的协同式人机交互控制方法。

⑥ 研究了 CVMTS 中异构数据信息的交互通信和协同处理技术与方法,主要包括异构数据信息的映射转换、分发管理、并发冲突控制、仿真时间管理及数据一致性实现。为确保 CVMTS 中的异构数据信息能够可靠、高效地交互通信,研究了基于 XML 技术的异构数据信息转换、描述和处理方法,并研究了基于 HLA 的 DDM 优化方案。同时,基于 HLA 的所有权管理和仿真时间管理机制,研究了异构数据信息协同交互处理中的并发冲突控制和一致性实现。

⑦ 研究了基于沉浸式 VME 的 CVMTS 组建方法。沉浸式 VME 能够为维修训练人员提供具有较好交互性和可感知性的多维信息环境,从而使其获取较为真实的操作体验和维修技能。然而,沉浸式 VME 涉及的技术领域较为广泛,为实现各类 VR 系统或设备与 CVMTS 的有机集成和无缝拼接,对其配套软件的应用程序接口(application programming interface,API)和数据信息处理进行技术研究和仿真开发。同时,通过具有较好沉浸感和交互性的 CVMTS 对维修人员进行维修操作训练,对本书各项技术的正确性和先进性进行验证和分析。

1.4 全书内容结构安排

本书的组成结构框如图 1.1 所示。内容安排如下:第 2 章研究大型复杂装备 CVMTS 及其 SSP 开发,包括各联邦成员的功能结构设计;第

3 章研究 CVMT 中维修任务过程建模及其动态分配策略；第 4 章研究 CVMTS 中维修操作过程建模与仿真；第 5 章研究虚拟人体运动仿真及其协同式交互控制；第 6 章研究 CVMTS 中异构数据信息的交互通信和协同处理，包括异构数据信息的分发管理、并发冲突控制、仿真时间管理及数据一致性实现；第 7 章研究基于沉浸式 VME 的大型复杂装备 CVMTS 的组建；第 8 章是本书的总结与展望，对本书的主要内容和结论进行总结，并对今后需要研究的内容进行展望。此外，本书还进行关于故障建模及仿真技术在 VM 训练中进行维修任务模拟的应用探讨，由于本书研究的重点是 CVM 操作过程的行为描述及其动态仿真，这部分的内容请参阅相关学术论文。

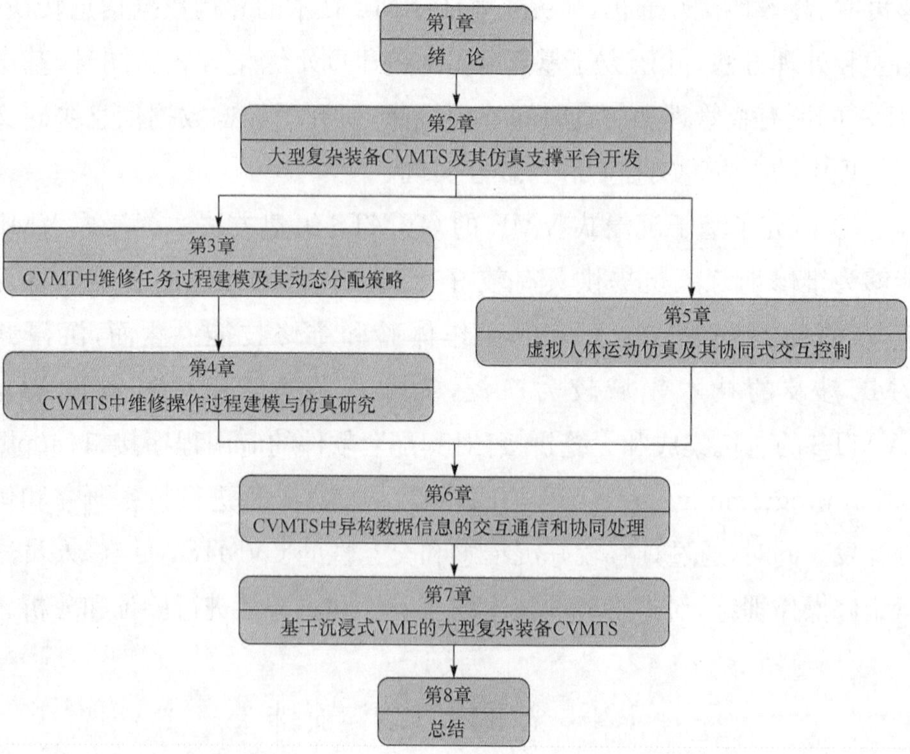

图 1.1 本书的组成结构框图

第 2 章　大型复杂装备 CVMTS 及其 SSP 开发

2.1　引　　言

经过 10 多年的研究和发展，VM 技术取得了较大的进展，并在许多领域得到了较好的应用。随着计算机仿真和 VR 技术的快速发展和不断提高，VM 技术的应用领域也得到不断拓宽，但是现有的 VMTSs 中，大多是针对单人的维修操作进行教学和训练，不能较好地满足大型复杂装备维修训练的真实需求，CVM 技术便成为解决该问题更好的选择。然而，CVM 涉及的技术领域更加广泛，也更为复杂，使得大型复杂装备 CVMTS 的设计和开发较为困难，其所需要的仿真开发及运行平台也相当复杂，很难有一个具有较好通用性的 CVM 仿真支撑平台(SSP of CVM，SSPCVM)能够满足不同领域的各种应用需求。本章研究了大型复杂装备 CVMTS 及其 SSP 开发过程中的相关技术问题，主要包括以下思路和方法。

① 大型复杂装备总体结构复杂、集成度高，维修难度大、操作过程复杂，其维修特点和技术要求直接决定了 CVMTS 的功能和信息需求。为此，本章首先讨论大型复杂装备及其各类分系统的维修特点，并进行 CVMT 需求分析和 CVMTS 功能设计。

② 大型复杂装备 CVM 涉及的技术领域广、数据信息量大、交互通信复杂，其 SSP 的体系结构和功能实现直接决定了 CVMTS 的仿真效果和运行性能。为此，接着研究了大型复杂装备 CVMTS 及其 SSP 的总体结构设计。为了满足大型复杂装备 CVMTS 的通用性、互操作性和协同感知性需求，采用组合式层次结构和模块化设计思想，基于

HLA 和 MAS 技术对 CVMTS 的 SSP 进行总体框架设计，并对各联邦成员及功能模块进行相互独立开发。

③ 针对大型复杂装备 CVMTS 的框架结构和功能需求，为了实现不同应用领域仿真程序的相互独立开发，通过相应的技术开发层次对 CVMTS 开发过程中所需的各项关键技术进行了研究和分析。

2.2 大型复杂装备 CVMTS 功能需求分析

大型复杂装备集机械、液压、电子、光学、计算机、自动控制等技术于一体，具有结构复杂、高度耦合、操控实时、系统开放等特点，且造价十分昂贵，寿命周期较长。日常的维修对大型复杂装备而言是重要的技术保障，通过及时有效的维修能使大型复杂装备在最短的时间内恢复作战能力。要实现对大型复杂装备快速而有效的维修，就离不开具有娴熟操作技能、丰富维修经验的人员，而且通常需要多个技术部门和多个维修人员的协同配合才能顺利完成相应的维修任务。CVM 技术的出现克服了传统训练方法中诸多不利因素的制约和限制，能够满足大型复杂装备在新型模式下的维修训练需求。为了能够较好地开展大型复杂装备的 CVMT，需要针对其维修特点对 CVMTS 的功能需求和总体结构进行分析和研究，从而确保训练过程及其效果的真实性和准确度。

2.2.1 大型复杂装备维修类型

维修的根本目的是使装备保持、恢复到或改善其规定的技术状态，它贯穿于装备服役的全生命周期。当装备在使用或储存过程中受到破坏(即发生故障或遭到损坏)后，需要通过现场或者返厂维修，使其恢复到并保持规定的技术状态。现代维修技术还扩展到对装备进行优化设计和方案改进以局部改善装备的性能[6]。装备维修不但包括技术性活动，如维修准备、故障检测、故障定位、故障隔离、拆卸、更换或修复零部件、装配、调整和校准、保养、检验等，而且包括管理性活动，如使用或储存条件的检测、使用或运转时间及频率的控制等。

按照维修的目的与时机，通常可以将大型复杂装备的维修类型分为预防性维修（preventive maintenance，PM）、修复性维修（restorative maintenance，RM）、战场抢修（battlefild repair，BR）和改进性维修（improved maintenance，IM），诸类维修的特性及对比如表 2.1 所示。大型复杂装备在实际维修中最常见和最困难的是修复性维修工作，其教学和训练的实施也极其困难。大型复杂装备 CVMTS 研究的维修是修复性维修，其目的正是通过组建具有较好沉浸感、交互性和可感知性的 CVMTE，对受训人员进行修复性维修的技术工艺和操作过程的教学和训练，培养操作号手的现场维修技能，确保并提高武器装备的生存和作战能力。

大型复杂装备的修复性维修主要是针对其出现故障的子系统和零部件进行的。考虑到大型复杂装备的故障具有层次性、非线性、相关性、传播性、放射性、延时性和不确定性等特点，其在整体系统、子系统、零部件和元器件等各个层次上的故障也具有相应的层次之分。随着故障的放射和传播，各类故障现象及其原因之间的相关性便有了较强的非线性和不确定性，从而使大型复杂装备的修复性维修具有操作复杂化、作业分布化、过程协作化、知识多样化等特点。同时，由于大型复杂装备各类（机械、电子、液压、光学等）子系统具有不同的元件类型、结构组成和工作特性，在维修过程中这些子系统各有其特点，相应的维修活动也具有较大的差别。大型复杂装备维修类型描述及对比如表 2.1 所示。

表 2.1　大型复杂装备维修类型描述及对比

维修类型	描述	时机	目的	具体工作	特性
预防性维修	在装备正常工作状态下,为使其保持在各种规定技术状态所进行的相应维修活动	装备发生故障之前	及早发现并消除故障,避免因故障引起的严重后果,防患于未然	擦拭、润滑、调整、检查、定期拆修和更换零部件等	适用于危及装备安全和任务完成,或导致较大经济损失的情况,可分为定期(时)维修与视情维修
修复性维修	也称修理或排故维修,即在装备发生故障或遭到损坏后,使其恢复到规定状态所进行的维修活动	装备或其部分零部件发生故障或遭到损坏之后	使装备及时地恢复到各种规定技术状态,确保各部分功能能够正常工作	故障检测/定位/隔离、拆卸、更换、装配、调校、检验及修复损坏件等	适用于日常的装备维修,一般在技术车间或返厂进行
战场抢修	又称战场损伤评估与修复,是指采用快速诊断与应急修复技术恢复、部分恢复必要功能或自救能力所进行的战场修理	装备战斗中遭受损伤或发生故障之后	快速修复装备故障或恢复其必要功能进行战斗或自救,确保并提高装备的生存和作战能力	快速的故障检测/定位、拆卸、更换、装配、调校、检验等	虽然也是修复性的,但环境条件、时机、要求和所采用的技术措施与一般修复性维修却不相同
改进性维修	对装备进行批准后的改进和改装等优化设计活动	完成装备日常维修任务之后	提高装备的战术性能、可靠性和维修性或使其适应某一特殊用途	部分零部件的改进设计、性能优化等	通常结合维修进行,一般属于基地级维修(制造厂或修理厂)的职责范围

2.2.2 大型复杂装备维修特点

大型复杂装备的一次维修可称为一个维修事件。任意的维修事件,又是由若干个维修活动组成的。装备一般故障的修复性维修过程,都可以采用如图 2.1 所示的维修活动序列进行描述,但对于大型复杂装备不同类型的子系统来讲,其具体内涵却有较大的差别。

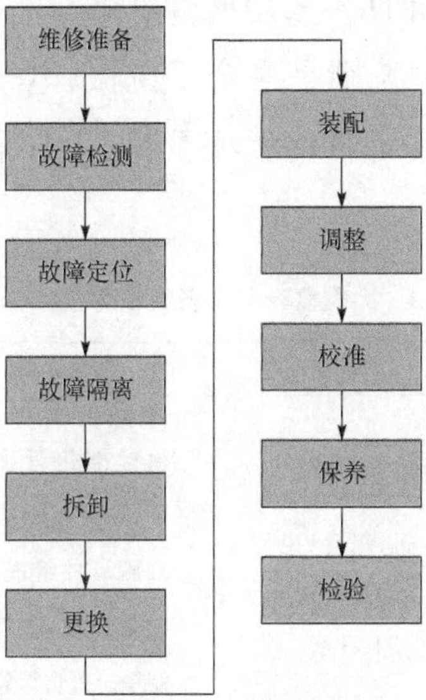

图 2.1　装备故障维修活动序列

针对修复性维修的具体操作内容,表 2.2 分别从零部件的组成类型、安装方式、维修准备、故障检测与诊断方法、拆卸与装配方法、修复方法、调整校正等几个方面对大型复杂装备不同子系统的维修特点进行对比分析与描述。从表 2.2 中可以得出如下内容。

① 机械系统是以一定的机构形式完成其功能的,具有不同的传递运动、作用力或做机械功的特点,零部件的受力比较大,维修时主要是针对零部件发生的磨损、老化、变形、裂纹、破损、断裂等故障,通过拆卸、修复/更换和装配对零部件进行原件修复或换件维修。

② 电子系统元器件体积较小,集成度较高,故障检测,以及维修过

程较为精细，通常采用拔插、用电烙铁去除或添加焊料的方法对故障元器件进行拆卸和装配，但是为了提高维修的效率，以及确保系统的可靠性，实际维修中多采用更换电路板模块的方式进行修复。

③ 液压系统中的设备与机械传动设备相比，具有体积小、重量轻、标准化程度较高、通用性较强等特点，属于精密零件，对于液压元件本身的维修较为复杂和困难，实际维修中需要由专业的技术人员进行修理，因此对于故障液压元件多采用换件维修。

④ 机电液一体化系统则是融合了机械、电子和液压系统的相应维修特性，需要根据故障零部件的类型及其原因，采用相应的维修方式进行原件修复和换件维修。

表 2.2　大型复杂装备各类子系统维修特点

项目	机械系统	电子系统	液压系统	机电液一体化系统
系统组成特点	由若干子机械系统与设备组成，而各子系统与设备又是由若干机构（总成）组成，机构则是由可更换单元组成	系统组成可分为单机、组合、电路板、零部件、元器件等几个层次	由标准化程度较高、通用性较强的液压元件组成，同时与机械、电气控制系统密切相关	集机械、电子和液压元件于一体，系统的结构复杂、集成度高，通过紧密配合来执行和完成系统的主要功能
零部件组成类型	机械机构（总成）和零部件	电阻、电容、二极管、三极管、继电器和集成电路等	由液压泵、液压阀、执行元件（液压缸或液压马达）、液压辅件和液压油等组成	由多种零部件、按钮、仪器、仪表等组成
安装及连接方式	采用螺栓连接、紧固件锁紧、焊接、铆接等多种受力连接方式	元器件多采用焊接、插接等快速连接；电路板多采用螺钉连接、插接	主要通过管子、管接头或法兰组装成液压系统	既有快速连接方式，又有受力连接方式

续表

项目	机械系统	电子系统	液压系统	机电液一体化系统
维修准备工作	准备相应的维修工具和设备，如机修工具、夹具、附加器材、专用设备等	准备所需的测试仪器，如万用表、示波器、专用电源和工具等	准备专用的修理工具和测试设备	既要准备测试仪器，又要准备维修机械零部件的修理工具和附加器材
故障检测与诊断	实际应用中多采用人工检测和判断故障，目前也有自动测试故障诊断系统	通常采用 BIT、ATE 等检测方法	采用专用的检测故障诊断设备进行故障检查	综合采用机械、电子和液压元件的故障检测方法，自动化程度差别较大
拆卸与装配方式	采用取下或装上紧固件、用外力分离等方法对其零部件进行拆卸和装配	采用拔插、用电烙铁去除或添加焊料的方法拆装零部件	采用取下或装上紧固件、用外力分离等方法对液压元件进行拆装	既有电子元件的拆装，又有机械零件和液压元件的拆装
零部件修复方法	常采用换件修复和原件修复	多采用换件修复	常采用换件维修	既有换件修复，又有原件修复
调整校正	主要针对机构动作、啮合间隙等项目进行	主要针对可调元器件进行，如电阻器、可调电容器、铁心调谐线圈等	主要有电气调整和机械调整	既有电气调整，又有机械调整

2.2.3　大型复杂装备 CVMT 需求分析

为了真实有效地开展大型复杂装备的 CVMT，不但需要充分考虑大型复杂装备及其各子系统的维修特点，而且需要考虑多个维修人员之间的协同配合操作，按照规定的技术规范、维修流程和工艺要求，开展相应的维修技术培训和操作技能训练。大型复杂装备的 CVMT 是实际维修活动在多维信息环境中的本质映射，必须与实际装备的维修过程在形式上具有相似性，在内容和和行为上具有一致性，同时还需要具备相应的灵活性以便于支持多种模式下的维修训练。针对大型复杂装备维修训练的内容、模式、目的和途径，以及涉及的维修对象、维修人员、维修资源和维修操作过程信息等 4 类要素，其 CVMT 需求主要有以下几个方面。

(1) 与大型复杂装备维修过程密切相关的对象信息模型

在装备维修过程中，首要考虑的要素有维修对象、维修人员和维修资源，为了能够真实地、准确地描述大型复杂装备的维修过程，就必须创建与其密切相关的装备 VP、虚拟维修人员、维修资源等对象的信息模型。这些模型不但要具有真实的外观形状、功能特性、运动行为表达，能够真实地再现实际维修环境中的各种要素，而且要包含能够描述自身与维修相关的各种特性及其属性信息。其中，装备 VP 包括装备及其各零部件的几何形状、空间位置、零件类型、行为特性、工艺特征、运行状态、维修序列、协同属性等数据信息。虚拟维修人员模型主要包括人体骨骼模型、运动仿真模型、蒙皮驱动模型、数据处理与匹配模型等。在 CVMT 过程中，训练人员通过 VR 设备输入相应的维修操作，人机交互控制模型(HCICM)则对操作输入信息进行获取和处理，经过相应的数据处理和优化匹配后，控制虚拟人体骨架及与其关联的骨骼蒙皮执行相应的维修操作动作。维修资源模型主要包括维修工具、测试设备、维修设备、保障设施、备用零部件等对象的信息模型，其与装备 VP 具有较为相似的信息表达形式，只是在具体内容上具有不同的信息描述。

(2) 与大型复杂装备 CVMT 密切相关的各类过程模型

在大型复杂装备协同式维修过程中，与某个维修事件相关的维修任务及其维修操作是由多个不同工位的维修人员配合完成的。在开展大型复杂装备 CVMT 时，首先需要确定故障零部件的维修任务，即故障类型、故障原因，以及所需的维修活动等。然后，通过合理的任务规划和分配，确定不同工位维修人员的具体维修任务，以及所需的维修操作。最后，通过协调多个维修人员的维修工序及各维修步骤对应的具体操作，确保维修操作的准确有序和协同配合，同时通过对各维修人员在不同维修步骤的相应操作进行检测和评估，确保所有维修工序和操作步骤的维修目标得到逐一实现，最终确保能够可靠地完成整个维修任务。

与大型复杂装备 CVMT 密切相关的过程模型主要有维修任务分配模型、维修任务决策模型和协同式维修操作过程模型。维修任务分配模型的主要功能是根据不同工位维修人员的职能，对其进行维修任务的合理规划和动态分配。维修任务决策模型主要是根据协同维修过程的进展，对各维修人员在不同维修步骤的维修结果及其目标进行分析和处理，确保各维修目标的可靠实现。协同式维修操作过程模型主要是用于管理和控制各个工位维修人员之间的协作关系，从而协调并确保多个维修人员之间的维修操作配合。

(3) 协同式人机交互控制及虚拟人体运动仿真模型

大型复杂装备 CVMT 的重要环节和最终目标是实现维修人员对维修知识及技能的获取和提升。为此，训练人员必须能够对 CVMTE 进行实时的交互控制，并感知训练环境及其他训练人员相应的反馈和输出信息，从而利用 CVMTE 获取真实的维修技能和操作体验。大型复杂装备维修训练通常会涉及多个维修人员的串行和并行协同操作，所需的人机交互控制及 CVMTE 中虚拟人体的身体姿态、空间运动和维修操作较为复杂，以往桌面式 VMTS 中的人机交互设备及方法难以满足大型复杂装备 CVMT 的相应需求。

在 CVMT 过程的人机交互控制中，不但要对多个训练人员的操作输入数据信息进行去噪、过滤、优化和分析等处理，而且要将其合理地分发并匹配到对应的虚拟维修人员，避免多个训练人员输入操作的并发冲突和不一致性。同时，CVMTE 中多个虚拟维修人员的运动仿真不但要真实地展现维修过程中的各种身体姿态和维修动作，避免空间位置的突变和身体姿态的畸形，而且要确保维修操作过程中动作的流畅和平滑，以及相互之间的协同配合。由此可见，在大型复杂装备CVMT过程中，不论是多个训练人员的交互控制，还是多个虚拟维修人员的运动仿真，都对相互之间的协同和配合提出较高的要求。为确保大型复杂装备CVMTS具有真实高效的训练效果，就必须建立协同式人机交互控制模型，以及相应的虚拟人体运动仿真模型。

(4) 异构数据信息交互通信与协调处理

大型复杂装备CVMTS涉及的数据信息，不但包括不同数据格式的三维几何模型、虚拟样机、对象信息模型、过程模型、数学模型、人机交互模型和运动仿真模型等，而且涉及各类模型中不同内容结构和知识表达的数据信息、交互控制信息，以及底层异构数据库。这些异构数据信息不但具有不同的数据格式和表达形式，而且会被多个用户节点并发访问和操作，使得CVMT过程中数据信息的交互通信与协同处理变得较为复杂。涉及的内容主要包括异构数据信息的转换映射机制及其分发管理策略、异构数据信息的并发冲突控制、异构数据信息访问和操作的一致性等。

要实现CVMTS中异构数据信息的交互通信与协调处理。首先，必须建立异构数据信息有效的转换映射机制，通过标准化的映射模板或模型对各类仿真模型中的异构数据信息进行映射转换和动态调用，使得CVMTS中各节点之间能够以统一的数据模板进行交互通信，保证异构数据信息具有可交互性。然后，必须创建相应的交互通信和分发管理策略，使标准化转换后的各类数据信息能够可靠有序地进行交互通信，避免多个维修人员协同访问和操作时由于网络通信限制而导致各用户节点出现的时间错乱和状态不一致问题，确保各用户节点状态信息的同步一致更新。最后，对于共享的异构数据信息资源，同时需要采用行之有效的并发冲突控制方法，避免和消除CVMT过程中多个用户节点对其进行并发访问和操作时的冲突问题。

(5) 具有较好通用性、扩展性和可重用性的 SSPCVM

该平台需要针对大型复杂装备的结构组成特性及其相应的维修活动特点,采用组合式层次结构和模块化设计思想进行框架设计和功能开发,从而为多个领域不同应用的 CVMTS 提供开发和运行平台。通过向 CVMTS 中的各类仿真应用提供通用的服务程序,能够将不同的软、硬件功能模块进行有机组合,进而利用底层标准化通信协议及其控制策略,实现多个用户节点之间的数据信息通信和交互操作控制。

(6) 具有较好逼真度、沉浸感、交互性和可感知性的 CVMTE

该训练环境需要能够提供大型复杂装备 CVMT 所需的各类维修信息和多维虚拟环境,能够支持受训人员利用多种 VR 交互外设与其进行数据信息交互。通过对大型复杂装备 CVMT 中的操作配合、人机交互和人体运动等过程的建模和仿真,对多个维修训练人员进行多任务、多模式下的协同式维修训练,使人的创造性和主动性得以更好地发挥。培养或提升装备操作号手的现场维修技能,使其能够熟练地掌握正确的维修操作技能,及时地对装备的典型故障进行维修排除,确保武器装备的生存能力和可靠性。

2.2.4　大型复杂装备 CVMTS 功能设计

为了能够满足大型复杂装备 CVMT 的具体需求,CVMTS 在训练内容、功能实现和操作方式上,以及对大型复杂装备协同维修实施过程和具体操作步骤进行过程建模和行为建模时,必须能够较为真实地反映大型复杂装备实际的维修过程,同时在行为效果上要具有高度的一致性。此外,还要具有较好的通用性、灵活性和可扩展性以便简单快捷的重组和扩展,并能够支持本地协同、远程协同、多人协同和多部门协同等多种模式下的维修教学、训练及考核,从而为大型复杂装备的协同维修训练、维修性分析、维修方案优化和人因工程设计等提供支撑平台。为此,在对大型复杂装备 CVMTS 进行功能实现时,主要从以下几个方面进行考虑和设计。

(1) 能够为维修训练人员提供多维信息训练环境

该环境中的各类数据信息不但能够完整地涵盖实际维修过程的各类要素,实现对实际维修环境及维修对象、维修资源、维修人员等实体对象,从三维几何数据、面体纹理特征、空间位置关系、拆卸/装配顺序、配合约束关系,到维修操作过程中的零部件故障模型、诊断测试模型、任务分配模型、协同维修模型、人体控制模型、运动仿真模型等的真实描述和行为表达,而且能够使维修训练人员通过视觉、听觉,甚至触觉对 CVMTE 进行信息获取和行为感知,从而培养和提高训练人员真实有效的维修操作技能,达到与实际维修训练具有相同的训练效果。

(2) 能够为维修训练人员提供多样化的训练模式

根据大型复杂装备在实际维修操作中的行为方式和配合模式,能够进行本地域多个维修人员之间及与多个维修技术部门之间的协同维修训练,也可以进行跨地域多个维修操作人员之间,以及与多个维修技术部门之间的协同维修训练。根据不同的训练目的,能够对训练人员进行维修知识教学、操作训练和技能考核,通过学-练-考循序渐进地培养、提高和巩固训练人员的维修知识和操作技能。根据实际的应用环境和设施条件,能够实现桌面式、半沉浸式、沉浸式,以及桌面-沉浸式相结合的运行环境配置,满足不同运行平台和硬件设备基础上的系统组建和运行。

(3) 能够为不同类型和不同型号的大型复杂装备提供具有通用性的 CVMT 开发和运行平台

大型复杂装备 CVMTS 及其 SSP 采用组合式层次结构和模块化设计思想进行功能开发,使得各类功能模块根据具体的仿真实现,能够利用相应领域的最新技术进行相互独立开发。对于公用的底层服务和通信模块,以及具有通用性的功能模块框架结构,则保证其通用性和可扩展性标准要求,使其保持较好的相对独立性,可以为不同的仿真应用提供相同的服务功能。基于 CVMTS 的 SSP 提供的一系列通用的、相互独立的支撑服务程序，通过在各用户节点嵌入符合标准服务协议的用户扩展程序，可以将大型复杂装备 CVMTS 所需的不同领域仿真应用，通过其 SSP 进行有机集成、数据通信和交互控制，进而实现 CVMTS 各类用户节点及其功能模块之间的状态数据更新和交互操作控制。通过简单的代码移植和功能开发，就能够实现对不同类型和不同型号的大型复杂装备 CVMTS 的仿真开发。

2.3　基于 HLA 和 MAS 的大型复杂装备 CVMTS 总体设计

2.3.1　大型复杂装备 CVMTS 设计方法分析

分布交互、智能决策、协同感知和配合操作是 CVM 的本质特征和基本要求。在进行大型复杂装备 CVMTS 开发时，首要解决的问题是分布式交互仿真平台的组建，从而能够实现多个用户节点之间数据信息的共享访问和交互通信；其次要能够对协同式维修过程中多个维修人员的任务分配和维修操作进行合理规划和智能决策；然后要能够有效地管理和协调多个维修训练人员之间的人机交互操作和协同配合；最后还要能够确保多个用户节点之间的数据信息的一致性，并对上述各环节中进行共享数据访问和操作所产生的并发冲突进行有效控制。

(1) CSCW 技术及应用系统

CSCW 应用系统的种类很多，按照协同方式对时间的要求可划分为同步方式(synchronous)和异步方式(asynchronous)两种。在同步方式时，群体各成员在同一时间进行同一任务的协作；在异步方式时，群体各成员在不同时间进行同一任务的协作。按照协同者的地域分布有远程(remote)和本地(colocated)协作两种。由此，可以将 CSCW 应用系统分为本地同步、远程(分布式)同步、本地异步和远程(分布式)异步等 4 种不同的模式[46,111]，如表 2.3 所示。

表 2.3 CSCW 应用系统分类、特性及举例

模式类别	描述	实时性要求	实例
本地同步	在同一时间和同一地点进行同一任务的合作方式	本地群体面对面的实时协作	室内会议系统
远程同步	在同一时间但不同地点进行同一任务的合作方式	跨地域群体分布式实时协作	多媒体/可视会议系统 远程协作
本地异步	在同一地点但不同时间进行同一任务的合作方式	不需要数据的实时传递	布告系统 轮流作业系统
远程异步	在不同时间且不同地点进行同一任务的合作方式	不需要数据的实时传递	BBS、电子邮件

根据组成形式的不同，CSCW 应用系统的结构模型[53]可以分为集中式结构、重复式结构、混合式结构和三层 C/S 结构[112]，为协同工作系统的开发提供了具有较好适用性的系统模型和体系结构。集中式结构如图 2.2 所示，实现简单、易维护、集中存储和统一处理共享信息，但难以实现视图级和对象级的共享，协作接口自治性小，共享操作很难保证。重复式结构的协作接口自治性较易实现，能方便地实现共享信息的接口耦合，但由于数据的分布存储、操作的单独处理，较难实现节点间的同步。混合式结构结合了集中式和重复式结构的优点，集中存储和管理共享信息以保证数据的一致性，同时增强了用户节点的独立性，

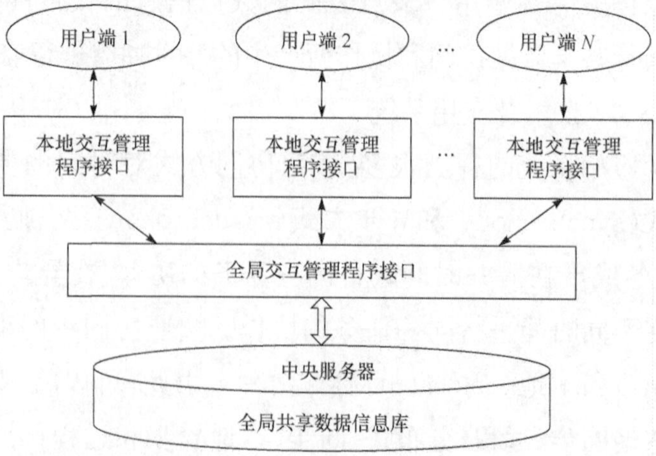

图 2.2 CSCW 系统集中式结构示意图

有利于信息的不同级别的共享。三层 C/S 结构如图 2.3 所示，有利于多人利用 Internet/Intranet 进行协同工作。

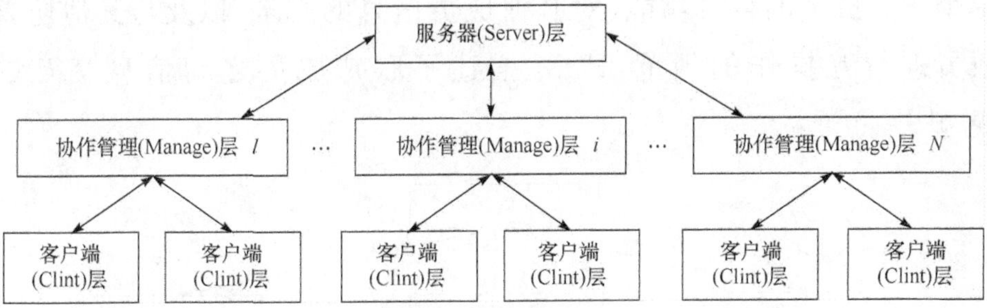

图 2.3　CSCW 系统三层 C/S 结构示意图

大型复杂装备 CVMTS 是一种较为复杂的 CSCW 应用系统，CSCW 技术为其设计和开发提供了相应的理论参考和技术支持。然而，对于 CVMTS 仿真平台和功能模块的具体开发，则需要相应领域的支撑技术作为实现途径。

(2) 分布式交互仿真体系结构——HLA

HLA 作为目前 DIS 领域内新一代的体系结构，为不同领域的仿真应用提供了一个开放的、支持面向对象的通用技术框架[113-115]。HLA 通过 RTI 提供通用的、相互独立的支撑服务程序，将具体的仿真功能实现、仿真运行管理和底层通信传输三者分离，使各部分相互独立地进行开发，最大限度地利用各自领域的最新技术来实现标准化的功能和服务[115]。RTI 按照 HLA 接口规范来协调和管理联邦成员之间数据通信和信息交互，可以有效地解决联邦成员之间的互操作。

在 HLA 框架下，为实现某种特定仿真目的、相互间需要进行交互作用的分布式仿真系统称为联邦(federation)，所有参与该联邦且相互作用的应用程序称为联邦成员(federates)。联邦成员最典型的一种是仿真应用，其为某一应用领域内所要仿真的实体建立的模型称为对象(objects)[115,116]。HLA 对象模型是 SOM 和 FOM 及其他信息的集合，由一组具有内在关系的成员来描述对象类、对象类属性、交互类、交互类参数等信息，其从高到低分为联邦、联邦成员、对象，如图 2.4 所示。HLA 对象模型模板提供了 FOM 和 SOM 应遵守的规范，SOM 描述了单个仿真成员的自身功能、对其他成员信息的需求，以及与其他仿真成员进行互操作的规范，FOM 描述了联邦成员之间信息交互的规范[117]。

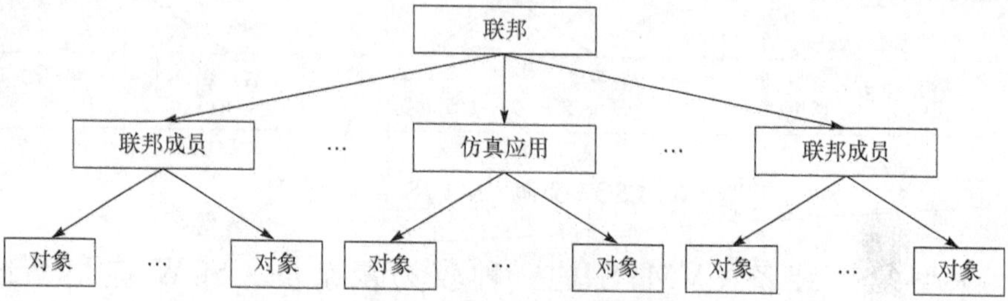

图 2.4　HLA 仿真联邦对象模型层次结构图

HLA/RTI 所提供的体系结构、支撑服务、对象模型模板、接口规范等，能够组建比 CSCW 结构模型更为优化、功能齐全的体系结构，并能够为 CVMTS 涉及的不同领域仿真应用提供标准化的接口规范，较好地对系统中各类实体对象的状态更新和交互操作进行规范化描述和管理。为此，可以利用 HLA/RTI 进行大型复杂装备 CVMTS 的结构框架设计、SSP，以及各类功能模块开发。

(3) 多智能体系统——MAS

Agent 是一种能够与外界自主交互并拥有一定知识表达和推理能力，能够独立完成一定任务的、具有社会性的智能实体[118]，一般被称为主体或代理。其最大特点是具有一定的智能性和良好的灵活性、自治性，特别适合对复杂、协同和难以预测的问题进行求解[119]。根据决策模式的不同，可以将 Agent 分为慎思主体(deliberative agent，DA)、反应主体(reactive agent，RA)和混合主体(hybrid agent，HA)[120]。由于 Agent 具有的自治性、反应性、交互性和能动性等特点，其逐渐被引入 VR 技术中，用于解决虚拟环境中的协同工作问题[121-123]。在由多个

Agent组成的MAS智能决策系统中，每个Agent都有自己相应的状态，并通过自身的感知系统来获取外部环境和其他Agent的信息。当前Agent在经过解释、判断和分析后，对感应到的信息作出相应决策，并通过自身的效应器作用于外部环境以改变其工作状态，图2.5所示为MAS中Agent的基本结构及其交互行为过程描述。

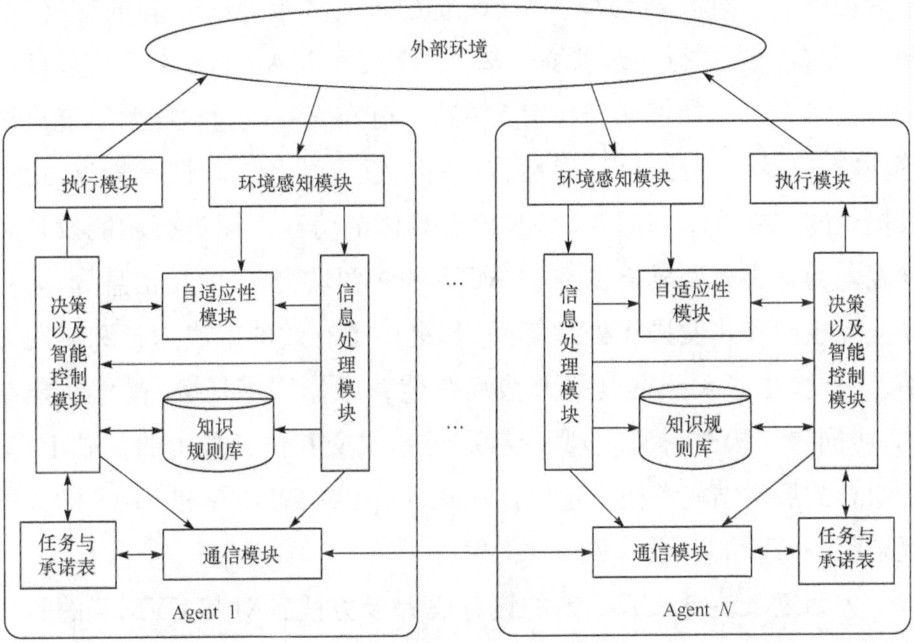

图2.5　Agent基本结构及其行为描述

对于大型复杂装备CVMT过程中的维修任务分配，以及协同维修操作的分析和决策，中央决策模块需要感知各用户节点的当前状态及其交互请求信息，从而根据维修技术规范和协同模式做出相应的决策，来协调和管理各用户节点的决策和执行。同时，各用户节点相互之间也存在相应的感知、分析、决策和执行等需求。通过建立由中央Agent单元和本地Agent单元组成的MAS智能决策系统，不但能够进行各节点之间的信息感应、决策和执行，同时也能由中央Agent单元进行统一的分析和决策，能够较好地满足大型复杂装备CVMT过程中的智能决策和协同配合需求。

2.3.2 基于 HLA 和 MAS 的大型复杂装备 CVMTS 设计方法

HLA 定义了构成分布交互式仿真系统中各成员的功能和相互关系,解决了仿真成员间的互操作和重用性问题,为构造复杂系统的仿真平台提供了一种集成环境。MAS 通过研究多个 Agent 间的交互、协调,以及合作来进行问题求解。基于 HLA 和 MAS 的复杂系统设计和开发技术[124-127],能够充分利用其具有的分布交互、运行管理、智能决策等功能,以及通用性、可扩展性、自治性、反应性和能动性等特点,运用其提供的支撑技术和服务功能,根据具体的仿真应用进行功能设计和开发。为解决大型复杂装备 CVMTS 的多领域交叉、数据信息异构、协同交互控制和并发操作处理等问题,提供了有效的解决途径和实现方法。为此,在深入分析典型大型复杂装备维修训练任务、操作对象结构、协同操作模式、操作步骤流程和分布式交互仿真技术的基础上,基于组合式层次结构和模块化设计思想,提出基于 HLA 和 MAS 的大型复杂装备 CVMTS 设计和开发构思。

大型复杂装备 CVMTS 的设计思路及方法针对其 CVMT 的具体需求,充分考虑其维修任务的完成方式及最终目标、装备的结构特点、维修操作内容、协同操作模式和操作规程的复杂度,基于 HLA/RTI 和 MAS 来组建 CVMTS 及其 SSP。整个 CVMTS 设计为仿真联邦,仿真运行管理模块、支撑服务功能模块、特殊功能模块和各训练用户节点分别设计为相对独立的联邦成员。在 CVMT 过程中,各联邦成员通过加入联邦执行来与其他联邦成员发生交互,获得自身需要的信息或向其他联邦成员提供信息,进而完成自身承担的仿真子任务。为此,CVMTS 首先要考虑的是各联邦成员的任务划分与功能设计,从而协同配合地实现对整个维修训练过程的仿真。各联邦成员不但要仿真维修任务的分配决策和协同操作过程,而且还要实现相互间的数据通信和交互控制。这些数据信息主要映射为对象类和交互类的发布与订购，以及对应实例信息的发送与反射(接收)。

(1) 根据维修训练人员所在工位及承担的维修子任务，设计各训练用户节点的仿真联邦成员；对于需要为各训练用户节点提供通用支持服务的功能模块，则根据具体的用途和功能实现，设计为相对独立的联邦成员，如仿真运行管理、通用支撑服务功能或特殊功能模块、沉浸式视景仿真模块等。

(2) 通过分析与研究大型复杂装备的维修操作内容和维修操作规程，基于维修操作规程、维修对象、维修任务、维修操作状态，以及维修人员之间的协同关系，设计各联邦成员的对象类；通过对维修操作规程和实施过程进行优化分类和统筹管理，利用维修操作规程规定的维修任务分配、维修操作之间的逻辑关系，以及该过程中运行管理和功能服务的相应需求，设计各联邦成员需要发布和订购的对象类及其属性，并确定各联邦成员之间对象类及其属性的公布和订购关系。

(3) 基于多个维修人员及所在工位之间的交互操作和控制指令，以及协同维修过程中需要进行的运行管理、操作记录和结果显示等，设计交互类及其交互参数，并确定各联邦成员之间交互类及其交互参数的公布和订购关系。

(4) 基于实装维修训练过程的时间、空间和维修活动的逻辑关系，结合 RTI 的 DDM 策略、所有权管理和时间管理等服务功能，设计出 CVMTS 联邦的 DDM 及协同交互、并发冲突控制、仿真时间管理及数据一致性等策略。

(5) 基于各联邦成员的仿真功能及其实现流程，设计其内部的运行逻辑和处理过程模型。

根据以上的设计分析及方法，采用联邦开发和执行过程模型(federation development and execute process model，FEDEP)[128]指导大型复杂装备 CVMTS 及其 SSP 的设计与开发过程。由于 FEDEP 只提供了一个通用的联邦执行开发过程，在开发 CVMTS 时，需要根据具体的仿真任务需求和各应用领域特点进行相应的调整和修改，如图 2.6 所示。同时，利用 HLA/RTI 提供的联邦管理服务，能够方便地对 CVMTS 整体方案设计、集成测试、仿真运行和结果分析等过程进行管理，确保其在仿真开发和设计过程中各个环节都处于可控状态，便于仿真过程及结果数据的采集和分析，从而及时地对 CVMTS 及其仿真平台、各类模型进行 VV&A、优化和改进。

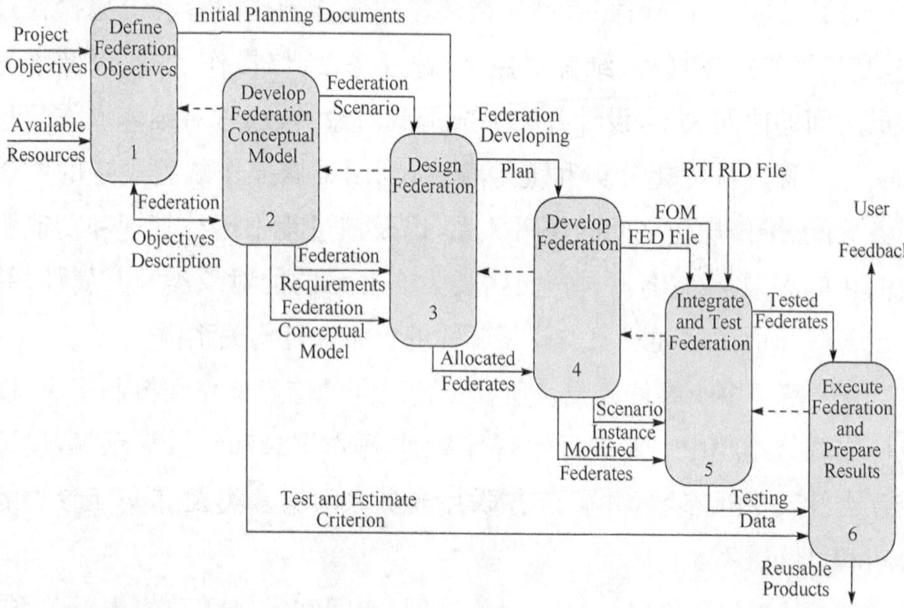

(a) FEDEP模型

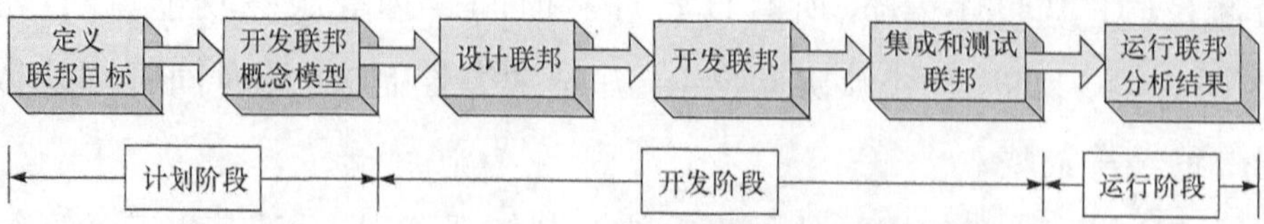

(b) FEDEP模型与系统开发过程的对应关系

图 2.6　FEDEP 模型及其与系统开发过程的对应关系

2.3.3 大型复杂装备 CVMTS 及其 SSP 框架结构

基于 HLA 和 MAS 的 CVMTS，其主要研究内容和仿真对象是大型复杂装备的协同式、分布交互式维修训练过程。由于装备维修规程具有较为严格的时间顺序和逻辑约束关系，维修训练任务的目标性和分配性较好，其模块化程度也较高，参与训练的多个维修操作人员具有相对固定的协作关系和明显区别的表现形式。因此，对于大型复杂装备 CVMTS 的总体结构设计和联邦成员开发时，应该充分利用这种特殊性，以装备维修规程和技术规范为依据，以训练任务优化分配和受训人员协同配合为切入点，以获取较为真实的维修知识和操作体验为目的，兼顾沉浸式 CVMTE 的开发环境，以及仿真运行管理和支撑服务功能的具体需求，确定出各类联邦成员的功能构成及其相互关系[6]。

合理地对整个 CVMTS 仿真联邦的开发过程进行实施规划和资源选择，是组建其仿真系统体系结构的基础和关键环节。其具体实施步骤是，首先根据装备实际维修训练的真实过程，充分考虑装备的结构特点以及维修训练内容、模式和目的，选取实装系统中最关键、最有仿真价值的子系统或训练过程作为仿真任务，构造合适的维修训练剧情想定。对于辅助于维修训练目标的维修内容/过程，则略去训练意义不大但计算量繁重的中间细节，采用示意性维修过程进行代表。其次，以大型复杂装备维修训练想定为基础，利用现有的和可扩展的仿真资源建立 CVMTS，对于缺少的或是不合适的仿真资源，则开发相应的资源并放入资源库中加以积累。然后，集成并运行 CVMTS，同时将仿真过程信息进行记录和分析，通过可视化界面显示仿真运行状态。最后，通过对仿真结果数据的评价和分析，改进和完善 CVMTS 及其 SSP 的性能。

大型复杂装备 CVMTS 的总体框架如图 2.7 所示。根据仿真联邦中各成员的具体功能需求和实现，按照功能模块化设计思路，可将仿真系统划分为五个主要组成部分。

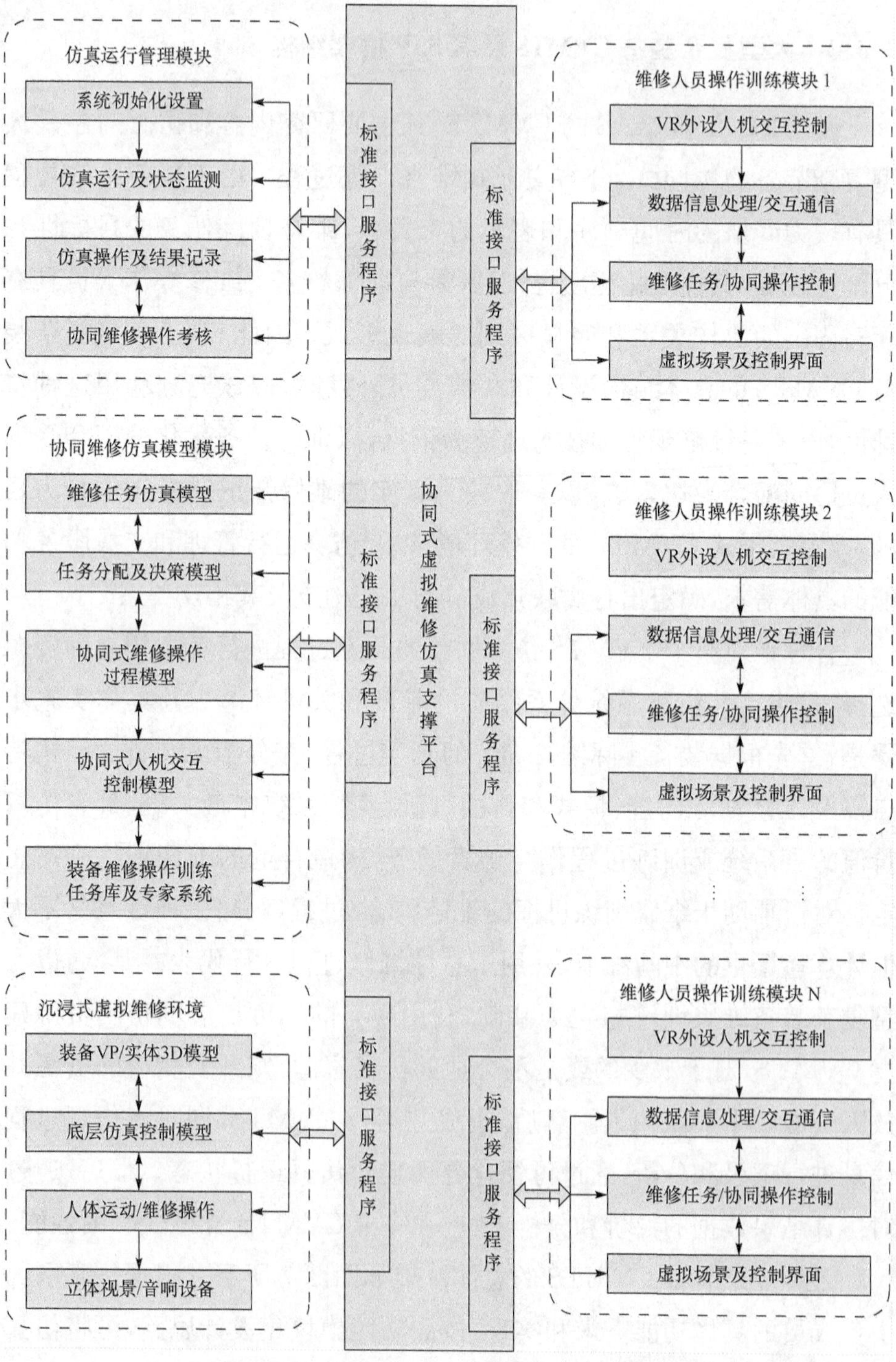
仿真运行管理模块
系统初始化设置
仿真运行及状态监测
仿真操作及结果记录
协同维修操作考核
协同维修仿真模型模块
维修任务仿真模型
任务分配及决策模型
协同式维修操作过程模型
协同式人机交互控制模型
装备维修操作训练任务库及专家系统
沉浸式虚拟维修环境
装备VP/实体3D模型
底层仿真控制模型
人体运动/维修操作
立体视景/音响设备
标准接口服务程序
协同式虚拟维修仿真支撑平台
维修人员操作训练模块1
维修人员操作训练模块2
维修人员操作训练模块N
VR外设人机交互控制
数据信息处理/交互通信
维修任务/协同操作控制
虚拟场景及控制界面

图 2.7　大型复杂装备 CVMTS 及其 SSP 框架结构

(1) 仿真运行管理模块。设计为独立的联邦成员，负责 CVMTS 及其 SSP 的初始化设置、仿真运行和状态监控，管理并获取联邦执行中所有联邦成员的仿真运行状态，能够对联邦执行的运行状态、各维修人员的操作过程及仿真运行结果进行记录，不仅便于仿真系统的运行维护和性能改进，同时能够开展训练操作的考核。

(2) 协同维修仿真模型模块。作为独立的联邦成员为大型复杂装备 CVMTS 提供通用的支撑服务功能模块，主要由装备维修任务仿真模型、维修任务分配及决策模型、协同式维修操作过程模型、协同式人机交互控制模型、维修操作训练任务库及专家系统等组成。通过模块化设计和相对独立的开发，使协同维修仿真模型模块中各类模型具有通用的、可扩展的组成结构和功能实现，为不同仿真系统的开发提供通用的支撑服务功能模块。

(3) 维修人员操作训练模块。每个维修人员操作训练联邦成员都是由 VR 外设人机交互控制、数据信息处理及交互通信、维修任务及协同操作控制、VME 及可视化控制界面等子模块组成。维修人员操作训练联邦成员的数目，可根据协同维修训练任务的实际需求，由仿真运行管理联邦成员通过初始化配置进行添加或者减少。

(4) 沉浸式 VME。作为独立的视景仿真系统联邦成员，主要由单通道立体投影系统、音响设备、立体视景渲染平台，以及底层的装备 VP、维修资源和虚拟维修人员等实体的三维几何模型及其相关的仿真控制模型组成，用于创建具有较好沉浸感的 VME。通过接收维修人员操作联邦成员的数据信息和交互控制，根据装备装配/拆卸模型、过程仿真模型、虚拟样机及维修工具行为和状态控制模型、虚拟维修人员运动仿真及维修操作动作模型、碰撞检测模型，负责对 VME 中的各类三维实体模型(空间环境、装备零部件、虚拟维修人员、维修资源等)进行底层驱动、实时渲染、状态更新、特效处理，以及信息显示等，从而真实地展示维修过程中装备 VP 和维修资源的状态实时更新。

(5) CVM仿真支撑平台。它是整个CVMTS的核心组件和运行平台，主要由RTI开发运行平台、底层数据通信协议、标准接口服务程序等组成，连同各联邦成员中的各类支撑服务模块，为不同类型大型复杂装备CVMTS的设计和开发提供了通用的SSP。基于HLA/RTI接口协议开发通用化数据模板和接口服务程序，能够较好地处理CVMTS中联邦成员之间异构数据信息的转换映射以及交互通信。同时，利用DDM、时间管理和所有权管理等机制，对CVMTS中异构数据信息访问和操作的一致性和并发冲突进行控制。此外，通过功能模块的扩展和重组，能够方便地满足不同类型大型复杂装备的具体仿真需求，降低开发费用，缩短开发周期。

2.4　大型复杂装备CVMTS联邦成员功能结构设计

大型复杂装备CVMTS的总体组成结构，主要由仿真运行管理、协同维修仿真模型、维修人员操作训练和沉浸式VME等四类联邦成员组成。以下分别阐述各类联邦成员中的具体功能组成和结构设计。

2.4.1　仿真运行管理联邦成员

仿真运行管理联邦成员控制着整个CVMTS系统的初始化和运行，具有双线程结构，一个是窗口界面线程，用于操作人员和管理窗口的交互；另一个是仿真线程，用于完成仿真模型的执行和联邦交互。其基于HLA设计的仿真程序流程如图2.8所示，主要由以下功能模块组成并完成相应功能。

① 联邦执行的创建、加入、退出、撤销。联邦执行是RTI根据FED文件内容及相关的细节数据，为实现联邦成员间的交互而创建的一个虚拟环境。仿真运行管理联邦成员创建联邦执行后，各联邦成员通过调用RTI服务申请加入联邦执行，并注册该联邦成员的一个实例。当

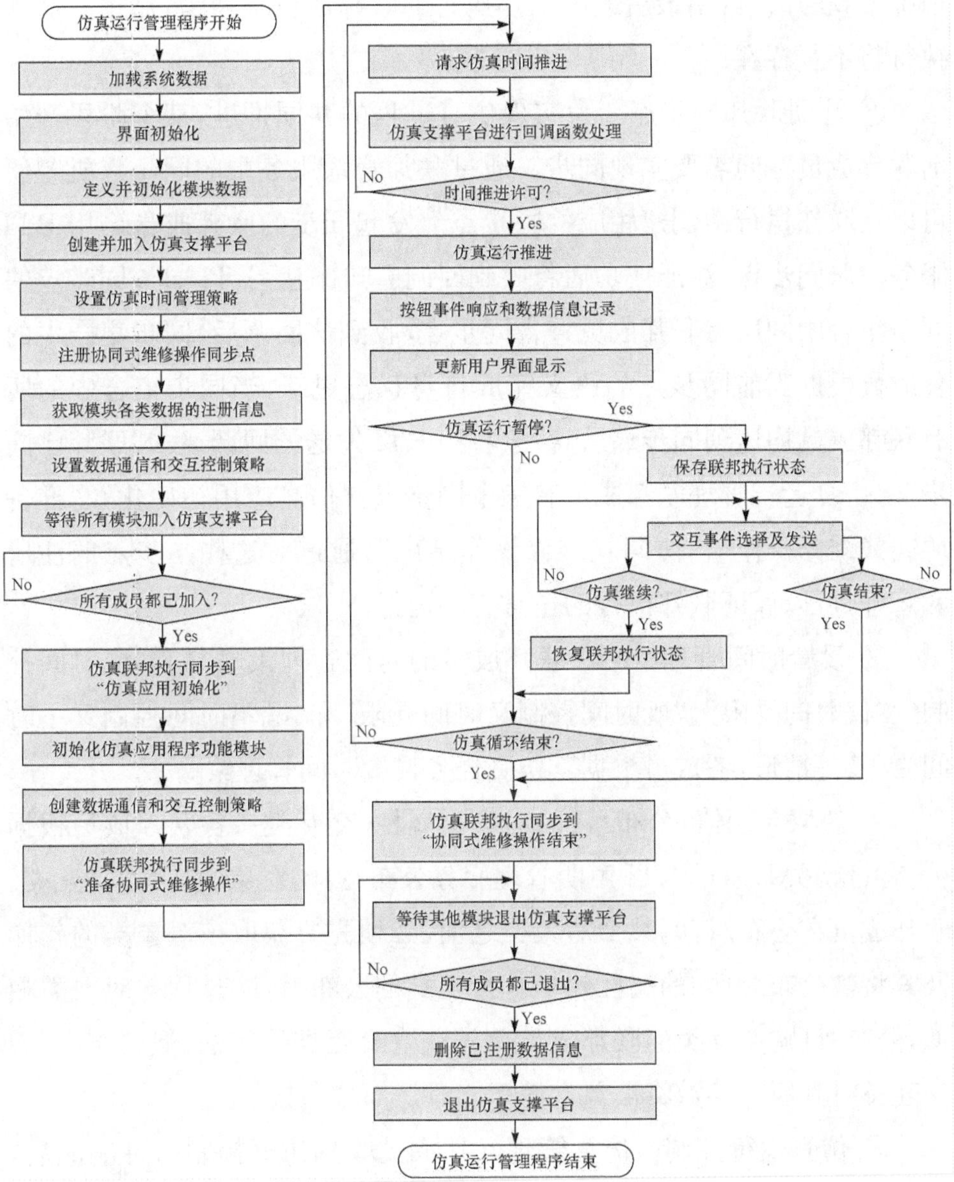

图 2.8　仿真运行管理联邦成员仿真程序流程图

某个联邦成员申请退出联邦执行时，RTI 撤销其对应的实例，并删除部分或全部与其相关的数据信息。通过记录成员实例的个数，仿真运行管理联邦成员便可对联邦成员的加入和退出联邦执行进行管理。正常情况下,联邦执行由最后退出联邦执行的联邦成员来撤销,撤销后联邦执行将不复存在。

② 注册联邦同步点。为实现仿真进程的共同推进,某个阶段开始前联邦成员之间需要实现同步。通过联邦管理服务中的同步点机制便可以在联邦执行中创建相应的同步点。发起同步的联邦成员调用 RTI 服务注册同步点,注册成功后将收到回调通知,随后 RTI 向该同步点的同步集合中的所有联邦成员宣告同步点,收到该回调后,同步集合中的各成员根据当前同步点的语义完成自身状态更新,当同步集合中的所有联邦成员均达到同步点后,会接收到 RTI 发送的回调通知"联邦已同步"。仿真运行管理联邦成员有三个同步点:"仿真应用初始化"、"准备协同式维修操作"、"协同式维修操作结束",通过对这些同步点的注册和管理,可以保证联邦执行的正常有序运行。

③ 设置时间管理策略。联邦成员的时间管理策略共有"仅时间控制"、"仅时间受限"、"既时间控制又时间受限"和"既不时间控制又不时间受限"等情形,各成员根据其仿真任务设置时间管理策略。

④ 获取句柄值,公布/订购对象类属性/交互类。各联邦成员根据公布/订购关系通过 RTI 声明管理服务公布/订购对象类属性/交互类。联邦成员在公布/订购某个对象类之前,必须先要获取该对象类的句柄及其将被公布/订购的属性句柄。交互类的公布/订购过程与对象类相似,公布/订购交互类的联邦成员首先获取交互类的句柄,但公布/订购交互类时其所有参数将被包含而不能只是部分参数。

⑤ 仿真运行控制。仿真管理联邦成员收到仿真控制事件响应后,改变相应的仿真控制标志,同时发送 Simulation Control 交互类的实例通知其他联邦成员。通过"仿真暂停"交互实现联邦执行的暂停,并保存联邦中各联邦成员的当前运行状态;通过"仿真继续"交互继续联邦执行,并恢复联邦执行到保存时的运行状态;通过"仿真继续"交互结束联邦执行。

⑥ 联邦执行状态实时显示。通过创建一些辅助类来实现 RTI 服务和处理回调，获取联邦成员的总个数、当前联邦成员的加入情况、当前联邦运行状态和回调函数处理的具体信息（如当前 RTI 服务及其异常信息、对象类/交互类信息、回调函数信息等），并在可视化界面上进行实时显示，对联邦执行的运行状态进行监测和记录。

⑦ 协同维修操作考核。通过获取各维修人员操作训练联邦成员的维修操作及目标完成状态信息，按照维修操作规程上技术规范，对相应的操作步骤进行加权系数分析和设置，从而对每个维修人员的训练结果进行量化考核。根据考核结果，可以对训练过程中的薄弱环节进行梳理和标记，作为今后教学和训练的重点内容。

①、③、④为各联邦成员都具有的 RTI 通用功能模块；⑤、⑥、⑦为仿真运行管理联邦成员的特有功能模块；②则根据联邦成员的同步需求进行相应开发。

2.4.2　协同维修仿真模型联邦成员

协同维修仿真模型模块中各类组成子模块通过相互之间的配合分析和处理，对协同式维修过程进行行为描述、指导和控制。各模块的具体功能如下所述。

(1) 维修任务仿真模型

其核心是维修任务的仿真建模，建立在大型复杂装备的故障检测/诊断模型，以及零部件的装配/拆卸/检测模型基础上的，根据维修操作训练任务库及专家系统子模块提供的维修任务库集来选择本次训练的任务想定。大型复杂装备的故障可以是常见的典型故障，或是通过建立简化的故障仿真模型进行模拟。通过装备故障的选择、注入、现象模拟、检测和诊断等过程的仿真，确定故障零部件的位置及原因，从而确定具体的维修任务。对于装备故障的模拟、检测和诊断等过程的仿真，可以是基于定性的逻辑分析和推导，也可以是基于定量的数值模拟和计算,后者能够模拟典型故障外的其他故障类型,但是存在极大的复杂性和困难度。

(2) 维修任务分配及决策模型

通过建立不同维修任务的分配及相应的决策模型,基于确定后的维修任务、维修对象及维修目标,根据装备的维修操作规程和技术规范,对各维修人员操作联邦成员需要承担的子任务进行合理规划、智能决策和动态分配。协同维修仿真模型联邦成员中的维修任务分配及决策模型是 MAS 的中央 Agent 单元,本地 Agent 单元则位于各维修人员操作训练联邦成员的维修任务决策控制子模块中。它们之间通过 SSPCVM 进行数据信息通信,实现对各维修人员操作训练联邦成员当前任务完成状态,以及交互请求信息的感知和决策,从而对其当前维修任务决策和操作执行进行统一协调和管理,并对剩余维修任务做进一步的分配和决策。

(3) 协同式维修操作过程模型

其宗旨是根据具体的维修任务和维修对象,确定相应的装备维修序列、维修操作内容,以及多个维修人员之间的协作关系,通过对协同式维修操作过程的知识表达和行为描述,建立包含装备装配/拆卸模型、维修过程仿真模型、虚拟样机及维修工具行为和状态控制模型等在内的协同式维修操作过程模型,从而对各维修人员操作训练联邦成员的具体训练过程进行指导和控制。在 CVMT 过程中,随着训练过程的推进,整体维修任务中的各子任务目标得以逐个实现,剩余的整体维修任务及子任务(即剩余的维修操作)将会随之发生变化。为此,协同式维修操作过程模型具有动态变化的特性。

(4) 协同式人机交互控制模型

主要由多个维修人员操作训练联邦成员中的 VR 人机交互控制和数据信息处理及交互通信子模块共同组成。通过对多个维修训练人员操作输入数据信息的交互通信、计算处理和分析决策等,利用仿真时间管理、并发冲突控制机制，对其相互之间的操作输入数据信息进行协同处理，限制不合理的操作请求，保证多个维修人员能够依照协同操作模式，相互配合、协作完成维修任务。

(5) 维修操作训练任务库及专家系统

根据装备故障的不同类型和相应原因，建立不同的维修任务集，形成维修操作训练任务库，可以作为不同的训练内容被选取。装备的维修规程和技术规范则作为维修操作的专家知识系统，用于指导训练人员的操作过程。为了实现对维修操作训练任务库及专家系统的知识表达，采用 XML 技术建立的统一化行为描述模板，不仅能够实现维修任务和专家知识的逻辑结构描述，还极其便于数据信息的读取、扩展和更新。

协同维修仿真模型模块中各子模块之间的交互通信和信息处理，主要是在本地联邦成员内部进行。根据其他联邦成员的仿真需求，处理后的数据信息才会通过 SSP 进行交互通信，这样就可以极大地降低了网络上的数据传输量，提高仿真系统的运行效率和稳定性。

2.4.3　维修人员操作训练联邦成员

维修人员操作训练联邦成员的功能结构如图 2.9 所示。各维修人员操作训练联邦成员都具有相同的组成结构，只是根据不同的维修任务和操作内容，不同的维修人员操作训练联邦成员在具体的训练形式和操作内涵上存在一些差异。

(1) VR 外设人机交互控制子模块

通过开发 VR 交互设备的 API 程序，获取维修训练人员的空间位置、身体姿态和操作动作等信息，从而根据维修训练人员与虚拟人体之间的运动映射关系，对虚拟人体的骨骼及其蒙皮进行匹配计算和实时驱动，控制虚拟人体在 VME 中的运动仿真，以及与维修对象、维修资源之间的交互操作。

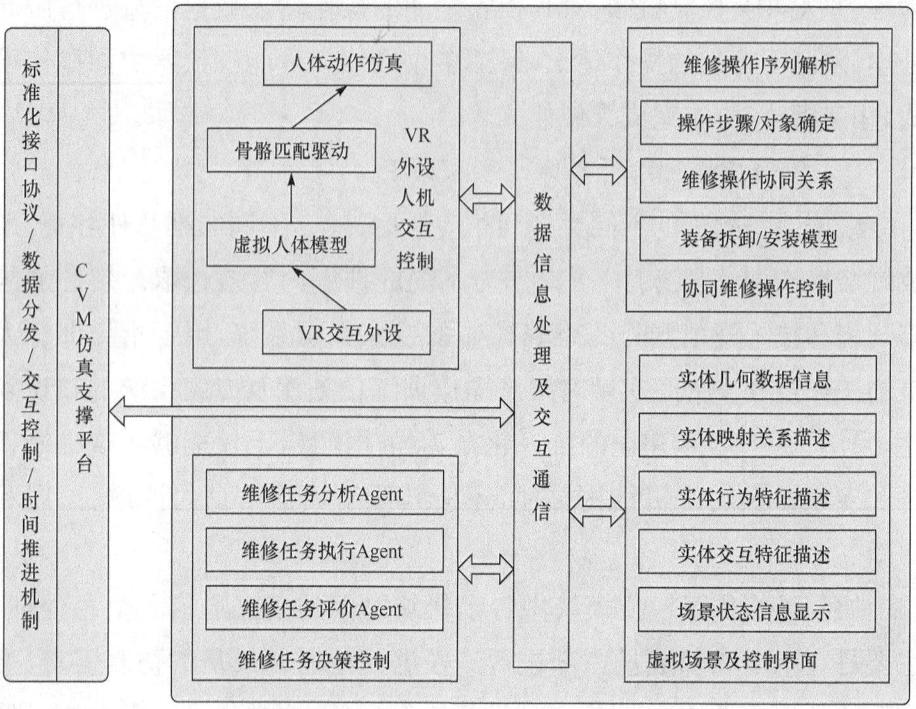

图 2.9　维修人员操作训练联邦成员的功能结构示意图

(2) 维修任务决策控制子模块

该子模块主要由维修任务分析 Agent、执行 Agent 和评价 Agent 组成。作为本地的独立 Agent 单元，负责对本地维修训练人员分配的维修子任务进行内容分析和操作执行决策，并将各维修步骤的操作结果与其维修目标进行评价和决策，最终的结论信息被发送至中央 Agent 单元作进一步的分析和决策。从而，确保每个维修训练人员分配的子任务中各维修步骤达到维修目标，实现维修子任务操作过程中逐步骤、逐环节的决策、监测和控制。

(3) 协同维修操作控制子模块

该子模块通过对所分配维修子任务的分析，根据维修对象解析当前维修人员操作训练联邦成员的具体维修操作序列，从而确定所需的维修步骤，以及各步骤中的操作对象，即将被拆卸、更换(修复)、装配的零部件。然后，根据各维修步骤中多个维修训练人员的系统关系，以及被操作装备零部件的拆卸/装配模型，实现协同式维修过程中多个维修训练人员之间的协同操作控制。

(4) 虚拟场景及控制界面子模块

虚拟场景主要用于为异地协同训练的维修训练人员提供具有高度数据一致性的维修场景，或是在本地协同训练时作为沉浸式 VME 的辅助显示，便于本地维修训练人员观察自身，以及其他维修训练人员的操作动作和执行状态。可视化控制界面则可以用于控制本地联邦成员及虚拟场景的功能和效果设置，并且能够同步显示其他维修训练人员的当前维修操作状态，以及自身的维修操作流程指导信息。

(5) 数据信息处理及交互通信子模块

用于实现维修人员操作训练联邦成员内部各子模块的数据信息处理及与其他联邦成员之间的数据交互通信。对于维修训练人员经 VR 设备操作输入的数据信息，首先进行去噪、过滤、优化等预处理，然后根据维修操作和协同仿真需求，对数据信息做进一步的分析、计算和控制决策处理，实现虚拟维修人员对维修对象、维修资源的交互操作与运动控制，并通过建立的仿真时间同步和并发冲突控制机制，实现多个维修训练人员之间的协同配合操作。同时，对将要发送的或是接收到的交互信息进行相应处理，实现多个维修人员操作训练联邦成员的数据一致性、并发冲突控制和协同维修操作。

2.4.4　沉浸式 VME 联邦成员

该联邦成员用于向本地协同训练的维修人员提供一个具有较好沉浸感和逼真度的 CVMTE。除了底层的装备 VP、维修资源和虚拟维修人员等实体的三维几何模型，以及与其相关的仿真控制、人体运动仿真、维修操作动作、碰撞检测等模型，还需要相应的软件开发/运行环境和硬件设备作为支撑。在组建沉浸式 VME 时，有如下主要工作内容及功能实现。

(1) 创建较高逼真度的 VME

对三维实体模型进行轻量化设计和优化处理，在保证实体对象形状和外观真实的条件下，使 VME 及各类三维实体模型真实地再现实际维修环境的原貌。

(2) 组建交互式、沉浸式训练环境

利用立体投影系统、音响设备及人体运动捕捉系统、空间位置跟踪装置、数据手套、三维鼠标等 VR 交互外设，运用先进的显示/声音同步技术、物理仿真引擎、特效和碰撞检测模块，实现真实环境中的各种特效模拟，如虚拟维修人员/装备/维修资源的运动学特性（速度、加速度、惯性和重力等），以及发生碰撞后的处理机制等。

(3) 进行沉浸式训练环境与 CVMTS 的集成

通过开发符合标准化接口协议的 VR 软件平台 API 程序，能够实现与 CVMTS 的 SSP 进行有机结合，进行与其他联邦成员的数据交互通信。通过接收多个维修人员训练操作联邦成员的的空间位置、身体姿态和手部动作等交互数据信息，并对数据信息的匹配分析、一致性处理、冗余过滤和冲突控制，实现各虚拟维修人员与虚拟训练环境中其他数据信息的协同操作和交互处理，从而组建具有较好交互性和沉浸感的 CVMTE。

基于组建的 CVMTE，多个训练人员能够“身临其境”地与 VME 中的各类实体模型进行协同交互控制，并能够感知 CVMTE 中的多维信息，获取真实的维修知识和操作技能，达到协同式维修训练的任务要求。

2.5　大型复杂装备 CVMTS 及其 SSP 实现方法研究

大型复杂装备 CVMTS 及其 SSP 开发和实现,涉及分布交互仿真、CSCW、VR、智能决策、软件工程等不同领域的关键技术,对程序开发人员的知识领域和编程能力提出较高的要求,然而由于缺乏其他应用领域的专业知识,极大地限制了程序开发人员的工作效率。现有的仿真平台、VR 开发工具和编程开发环境,为不同应用领域的具体实现提供了有效的解决途径,同时也提高了仿真系统的开发效率,但是缺乏通用的数据格式和接口程序,相互间不能直接进行系统集成和数据通信。

为了实现不同应用领域仿真程序的相互独立开发,在分析大型复杂装备 CVMTS 组成特点和功能需求的基础上,考虑 CVMTS 及其 SSP 的通用性和可扩展性需求,采用组合式层次结构和模块化设计思想,提出基于 HLA 和 MAS 的大型复杂装备 CVMTS 技术开发的四个层次,即支持服务层、对象知识层、仿真应用层和用户界面层,如图 2.10 所示。

2.5.1　支持服务层

针对大型复杂装备 CVMT 的具体需求,以 CVM 相关技术框架为指导,根据大型复杂装备的结构特点和维修规程,分析其维修训练的内容、模式和途径,以及多个用户节点之间的信息交互和协同操作,基于 HLA 和 MAS 设计大型复杂装备 CVMTS 的总体框架结构。考虑到大型复杂装备 CVMT 过程对分布交互、协同配合、智能决策、沉浸式环境等方面的要求,充分利用各自领域的相关技术,对各类功能模块相对独立地进行设计和开发。这些领域的相关技术为 CVMTS 的总体框架结构设计、底层交互通信平台开发、功能模块仿真实现、联邦成员设计与

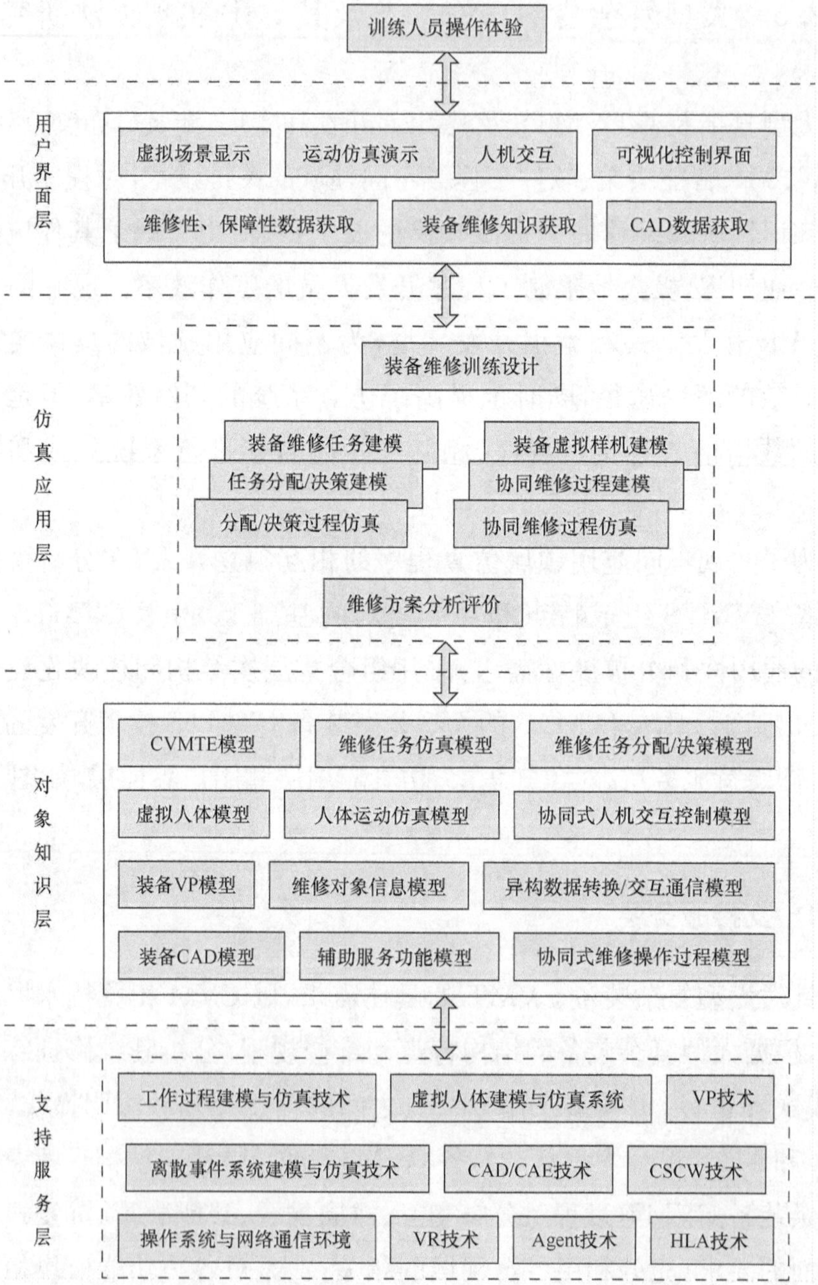

图 2.10　大型复杂装备 CVMTS 技术开发层次

开发、维修信息模型开发、仿真过程智能决策、沉浸式虚拟环境创建、人机交互控制设计等环节，提供了不可缺少的技术支撑和服务平台(图 2.10)。

HLA 技术、Agent 技术、VR 技术、CSCW 技术，以及基于 Petri 网的工作过程建模与仿真技术已经进行了相应的介绍，下面主要针对其他几项支撑技术进行介绍。

(1) CAD/CAE 技术

CAD/CAE 技术能够实现产品的三维设计、CAE 分析、机构运动分析及仿真、装配干涉检验、工艺设计与分析等，从而为产品维修性设计与分析的相关研究提供精确的数据信息支持。装备 VMT 必须基于零部件真实的几何外形和工艺特征，从而进行相应的真实行为特征描述。同时装备的 CAD/CAE 模型能够为 CVMTS 中的 VP 建模、维修对象信息描述提供重要的数据信息。

(2) VP 技术

VP 技术可以用于建立基于仿真的、具有功能“真实性”的原型系统或原型子系统，代替物理原型机测试和评价系统设计的特定性质。由于在一定程度上具有与物理样机相似的几何与功能描述，具有支持操作活动过程的空间、时间、自由度约束等运动特性和物理特性，结合 VR 技术，可以实现装备维修活动及过程的模拟[6]。用于 VMT 的 VP 技术研究包括几何特征建模、行为特征建模和交互特征建模三个方面。通过直接读取装备 CAD 模型信息，能够将零部件的工艺设计信息扩充至标准化数据模板进行表达和信息交互。根据真实实体对象所具备的行为特性，面向任务建立具有真实性的行为特征模型，进而基于系统内部的交互需求和实时响应要求，通过交互类型定义、交互模式选择，以及响应机制设计来完成交互特征建模。

(3) 虚拟人体建模和仿真系统

虚拟人体建模与仿真技术主要研究虚拟人的真实形体和外貌建模、实时运动仿真及其交互控制。现有的建模和仿真系统大致可分为虚拟人体三维建模软件、实时运动仿真软件，以及与前两者相关的函数库。诸类开发系统一般提供相应的人体建模工具或支持通用的人体模型数据，能够描述人体的骨骼、形体和外貌特征，以及相互间的匹配关系。不同开发系统对于虚拟人体运动仿真和行为描述的侧重点有所不同，但是一般均提供相应的接口函数，能够实现与 VR 系统的集成和二次开发，通过外设可以实现对虚拟人体运动仿真过程的实时交互控制。

(4) 离散事件建模与仿真技术

装备维修事件中的维修活动序列，在时间上或空间上具有一定的离散特性，为了能够真实地描述维修过程中各维修事件及其维修活动的行为特性，需要将其作为离散事件进行分析、建模和仿真研究。考虑到维修训练过程中离散事件的状态变化，以及相互之间协同控制需求，基于 Petri 网对其进行建模与仿真，进而分析和研究维修过程的动态特性、时间同步及协同机制。

(5) 操作系统与网络通信环境

操作系统与网络通信环境主要是作为 CVMTS 的软件开发和运行环境，需要具有较好的兼容性、稳定性和运行效率。

2.5.2 对象知识层

针对大型复杂装备 CVMTS 需要仿真的各类实体对象，利用支持服务层的相关领域技术建立其相应的仿真模型，对其在维修仿真过程中的任务需求和行为特征，进行知识表达和行为描述，从而完成对象知识层中各类模型的设计和开发。下面针对前面未介绍的异构数据信息转换及交互通信模型和辅助服务功能模型进介绍。

(1) 异构数据信息转换及交互通信模型

异构数据信息转换及交互通信模型主要实现对 CVMTS 中异构数据信息的映射转换、动态调用和交互通信，是 SSPCVM 中标准接口服务程序的重要组成部分。通过 XML 技术建立标准化的数据信息描述模板,能够实现对不同类型结构的数据信息进行模板化描述,从而使不同的功能模块、仿真模型都可以对这些数据信息进行读取和处理。利用数据信息的交互通信和分发管理机制,使标准化转换后的各类数据信息能够可靠有序地进行交互通信,避免由于网络通信限制而导致的时间错乱和状态不一致问题,确保各维修训练用户节点状态信息的同步、一致更新。

(2) 辅助服务功能模型

辅助服务功能模型主要用于辅助解决 CVMTS 系统开发和运行中所需要的配套功能,如网络运行环境配置、立体视景显示效果配置和控制、系统运行插件配置等。

2.5.3 仿真应用层

基于 HLA 体系结构和 Agent 技术,采用面向维修对象的设计方法,开发各联邦成员的过程仿真程序,以及对应联邦成员中的 Agent 单元模块,实现对过程仿真模型的管理和控制。在对维修方案进行分析的基础上,基于支持服务层和对象知识层的功能实现,对维修训练的内容和模式进行设计与开发,实现装备维修任务及其操作过程的建模和过程仿真。基于仿真训练的结果分析,从而实现对维修方案的评价,乃至优化和改进等。

2.5.4 用户界面层

用户界面层是维修训练人员与 CVMTS 交互的方式和接口,包括维修训练人员的操作输入和系统输出两个层面。通过接收维修训练人员的操作输入,如鼠标与键盘响应事件、数据手套手势输入、空间位置跟踪装置、人体运动捕捉系统、语音输入等。系统输出层则采用可视化场景方式或语音交互形式,将仿真应用层的处理结果反馈给维修训练人员。

2.6 小　结

本章研究了大型复杂装备 CVMTS 及其 SSP 的设计与开发，如 CVMTS 的功能设计、基于 HLA 和 MAS 的总体框架设计、各联邦成员功能结构设计与开发。SSP 是 CVMTS 的核心组成部分，为其功能实现和仿真运行提供了所需的各种支撑服务。为实现大型复杂装备的 CVMT，需要根据其维修训练任务的模式和特点，研究 CVM 过程中各类要素的行为描述和动态特性，并利用 SSP 提供的支撑服务进行仿真实现。对于维修训练活动首要确定的是维修人员的维修任务分配情况，下一章紧接着研究 CVMT 中维修任务的规划、分配及其决策过程。

第 3 章　CVMT 中维修任务过程建模及其动态分配策略

3.1　引　　言

大型复杂装备进行 CVMT 时，首先要根据故障零部件的故障类型和位置，基于装备维修操作规程和技术规范，确定相应的维修任务及目标。然而，大型复杂装备的故障具有较强的耦合性、非线性和复杂性，要建立装备精确的故障仿真模型具有较大的困难。大型复杂装备 CVMT 时所需的维修任务模拟与建立，即故障零部件的定位与原因确定，是通过对装备故障模拟、检测和诊断等过程的仿真来实现的。其对故障仿真的精确度要求不高，可以通过对典型故障的逻辑定性建模[129,130]，或是基于简化的故障仿真模型[131-133]，通过选取不同故障模式和类型进行故障注入、现象模拟和检测诊断，粗略地实现对这一过程的行为描述，而不必关注装备故障仿真的精确求解过程。

为此，针对 CVMTS 中维修任务建模，本章主要研究与协同式维修训练密切相关的维修任务规划、分配和决策过程分析与建模。维修任务过程建模目标是实现对维修任务的规划，从而对各维修人员所要承担的任务进行分配和决策分析，为协同式维修操作过程建模研究提供重要参考。维修任务过程关注的是维修目标和要求及其状态变化特性，而非具体的维修操作内容。其静态的层次结构、逻辑关系和动态的演化过程，不但能够反映维修人员的任务分配情况，以及相互之间的协同关系，而且能够描述维修操作中维修任务的动态分配与决策过程。

3.2 CVMTS中维修任务过程建模分析

3.2.1 维修任务过程建模相关概念及定义

维修任务过程建模是对维修过程中各环节所需要完成的操作内容进行信息描述。相对于维修操作过程建模而言，维修任务过程侧重于强调操作所要达到的维修目标，而不关注具体的操作过程实施细节。然而，对于两者的描述需要用到相同的知识和术语，不同的是这些术语具有不同的内涵和定义。为此，可以借鉴维修操作过程中各种概念的相关定义，对维修任务过程建模所涉及的概念进行定义和描述。

定义3.1 维修任务(maintenance task，MT)定义为针对产品已经发生或可能发生的故障或是按照制定的维修检测计划，为使产品的结构和功能保持或恢复到规定技术状态，由一个(多个)维修人员在一个(多个)工位使用一种(多种)维修工具或设备对产品的一个(多个)零部件所需要进行的全部维修操作。

定义3.2 维修事件(maintenance event，ME)定义为针对不同的维修任务，为使产品的结构和功能保持或恢复到规定技术状态，由一个(多个)维修人员在一个(多个)工位使用一种(多种)维修工具或设备对产品的一个(多个)零部件所进行的全部维修操作。其对应的是对维修操作过程的描述。

定义3.3 维修工序(maintenance procedure，MP)定义为在执行某个维修事件过程中，由一个(多个)维修人员在对应工位使用一种(多种)维修工具或设备，在产品零部件达到某一特定状态前对其所(需要)完成的连续维修操作。其要点是在一个维修工序中产品零部件处于同一规定状态。

定义3.4 维修工步(maintenance step，MS)定义为在完成某个维修工序过程中，由一个(多个)维修人员在对应工位使用一种(多种)维修工具或设备对一个(多个)零件所(需要)连续完成的那一部分工序。其要点是在一个维修工步中对零件进行的维修操作具有相近性。

定义 3.5　维修操作(maintenance operation,MO)定义为在完成某个维修工步过程中,由一个(多个)维修人员在对应工位使用一种(多种)维修工具或设备对一个(多个)零件所(需要)进行的某项独立操作。

由此可见,维修操作是维修活动的基本单元。每一个维修工步由单个或是多个具有不同内涵的维修操作组成,多个维修工步的有序组合组成了不同的维修工序,维修事件又是由多个维修工序按照一定的规范有机组合而成。维修任务则确定了维修事件所需要进行和完成的全部维修操作,维修任务过程建模的相关概念是对维修操作过程的概括性要求,强调的是需要完成或进行的维修操作。对于大型复杂装备的 VMT 过程仿真,这些概念与实际维修操作过程具有相同的内涵,只不过维修操作的执行者是 VME 中的虚拟维修人员。

3.2.2　协同式维修任务过程建模特点

针对大型复杂装备 CVMTS 的仿真需求,考虑到维修训练任务的不同模式和内容,根据装备零部件组成结构和维修类型建立相应的维修任务库(maintenance task library,MTL),并由不同的维修任务集(maintenance task set,MTS)进行分类和管理。维修任务库、维修任务集、维修任务、维修工序、维修工步和维修操作便构成了协同式维修任务过程建模的几个不同层次。相互之间的层次关系如图 3.1 所示。这些层次所描述的都是抽象的维修过程需求信息,从不同层次确定了维修过程中的具体操作细节及其逻辑关系。

由于装备的每一项维修任务都具有较为明确的层次性,利用这一特点,可以方便地通过自上而下、从整体到部分的分析方法,对协同式维修任务的过程建模进行研究与实现。大型复杂装备维修操作通常需要多个维修人员的配合操作,维修任务的实施过程还具有协同化特点。

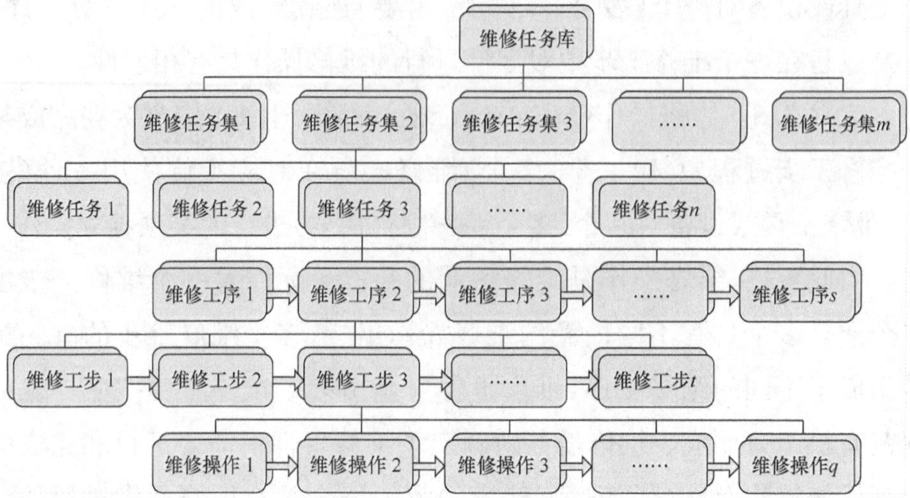

图 3.1 维修任务过程层次结构示意图

同时，还要考虑和处理多个维修人员之间的并发性操作，以及数据一致性等问题。由此可以看出，协同式维修任务具有层次化、协同化、并发性和一致性等特点。针对这些特点，对于 CVMTS 中维修任务的过程建模分析如下。

① 层次化。每一项维修任务都从不同层次对各工位上维修人员所要完成的维修操作进行信息描述，进而确定不同维修人员所需要完成的维修工序、维修工步，以及具体的维修操作。从而使得维修任务实施过程中各维修人员所要完成的维修操作同样具有层次化特点，便于从不同层次对不同工位的维修人员进行维修任务过程及分配信息描述。

② 协同化。大型复杂装备的一项维修任务通常需要多个维修人员的协同配合来共同完成。对于 CVMTS 中维修任务的过程建模，需要在层次化的基础上，根据装备维修的操作规程和技术规范，考虑不同维修人员之间的协同配合关系，对不同工位维修人员所要承担的任务信息进行描述。

③ 并发性。针对维修任务的协同化需求，可能会存在维修任务的

并行实施。为此，在对 CVMTS 中维修任务过程进行建模时，需要考虑对并行维修任务的合理规划，以及各维修人员任务要求的正确描述。

④ 一致性。对于并行实施的协同维修任务，在进行维修任务过程建模时，还需要考虑维修任务的一致性要求，即对不同工位维修人员的并行维修任务实施，要具有一致的信息描述。从而，确保多个维修人员按照任务要求及其信息描述，能够有序、可靠地完成同一项维修任务。

3.2.3　协同式维修任务过程层次化建模

鉴于以上对于协同式维修任务过程建模特点的分析，采用层次化结构对 CVMTS 中的维修任务过程进行建模。首先，通过对装备 CVMT 任务的分析，根据装备的组成结构、故障模式及其对应的维修类型，建立装备维修任务库模型。其次，合理规划维修任务库模型中的各维修任务集，并建立各维修任务集中包含的所有维修任务模型。然后，对各维修任务模型中不同层次的维修工序、维修工步、维修操作分别进行相应的过程建模。需要注意的是，在维修工序过程建模过程中，对于无需细化的维修工序，可以直接使用对应的维修工步过程模型进行描述。基于层次化的协同式维修任务过程建模的主要流程如图 3.2 所示。

维修任务库模型和维修任务集模型主要用于对维修任务信息的添加/删除、分类存储、检索查询、读取匹配等，通过读取零部件故障原因所确定的维修任务信息，能够进行分类检索和查询，最终确定与输入维修任务信息相匹配的维修任务模型，并输出到相应的功能模块进行任务的分配和决策处理。由此可见，维修任务库模型和维修任务集模型是实现维修任务分配和决策时的重要信息描述，但不涉及对维修操作过程中任何信息的描述，在协同式维修任务过程进行建模时可以不予考虑。维修工序和维修工步又可以看作一个维修任务中的不同子任务。

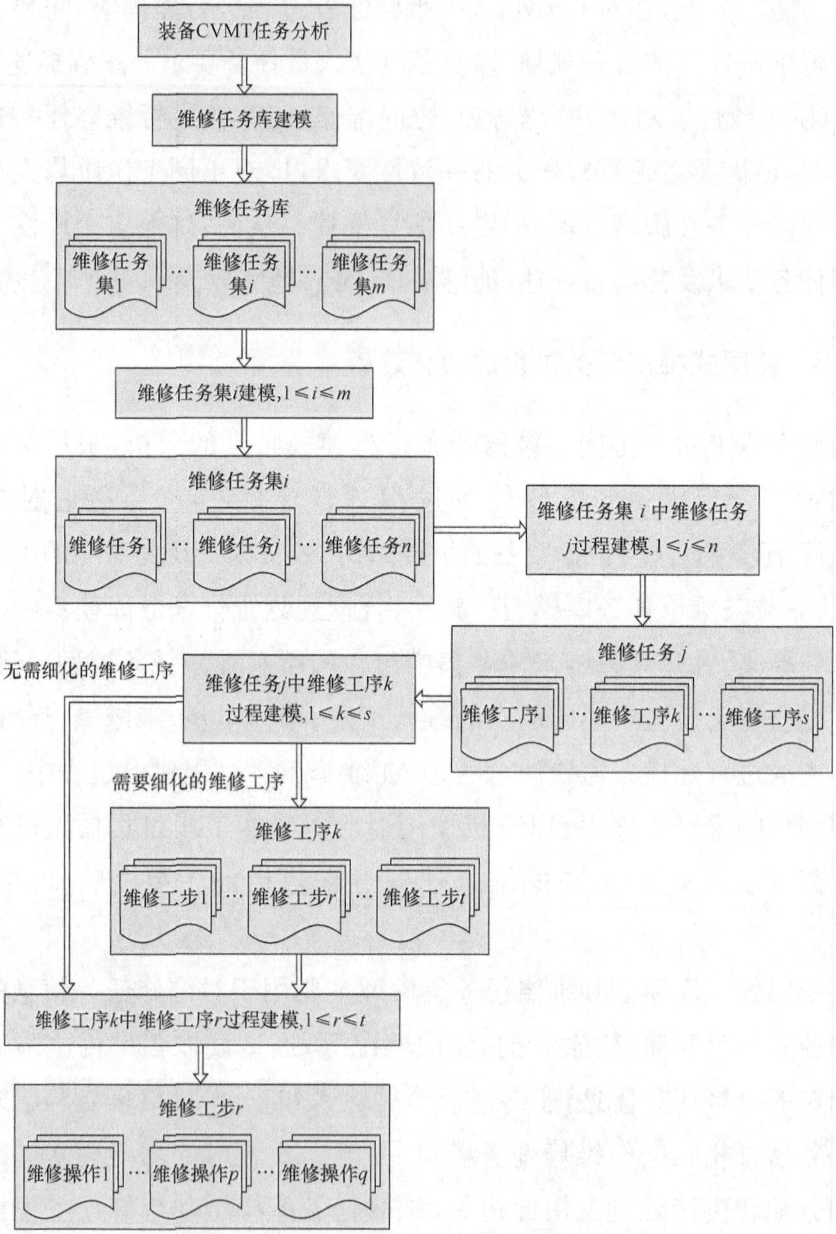

图 3.2　CVMT 中维修任务过程层次化建模流程图

协同式维修任务过程建模实质上是通过对维修任务中各层次对应于不同维修训练人员所需要完成的操作进行信息描述，指定和规范各维修人员在维修操作不同环节所需要完成的维修目标及其相互之间的逻辑关系。在协同式维修训练仿真过程中，维修任务过程模型随着各维修人员维修操作的完成进度而不断改变自身状态，从而为 CVMT 过程中维修任务的动态分配和智能管理，以及维修操作的具体实施提供重要的数据信息和参考依据。

3.3　基于 Petri 网的协同式维修任务过程建模分析

Perti 网是一种复杂系统的图形化数学建模与分析工具，由于其具有严格的数学定义和直观的图形表示，可以形象地描述具有分布、顺序、并发、冲突、同步、异步、不确定性和资源共享的复杂系统的动态行为[63,118]。Petri 网既有丰富的系统描述手段和系统行为分析技术，又有很强的模拟能力。基于 Petri 网建立的过程模型，其描述最为准确、清楚，同时利用 Petri 网提供的矩阵模型，能够用数学方法描述和分析系统的基本性质和状态演化过程[134-136]，反映过程模型的动态随机变化特性。

3.3.1　基于 Petri 网的协同式维修任务过程建模技术

从数学角度来讲，一般的 Petri 网可以定义为六元组，即

$$PN=(P,T,F,W,M,M_0) \tag{3.1}$$

其中

$P=\{p_1,p_2,\cdots,p_m\}$，称为库所(place)集。库所 $p_i(i=1,2,\cdots,m)$ 用于描述系统的状态，一个库所代表一种资源，在网络图中用“○”表示。资源的数量用黑点的个数来表示，黑点称为令牌(Token)，用“·”表示，标记在“○”里。

$T=\{t_1,t_2,\cdots,t_n\}$，称为变迁(transition)集。变迁 $t_j(j=1,2,\cdots,n)$ 用于描述资源的变化方式与过程，反映系统的状态变化过程，在网络图

中用“□”表示。

$F \subseteq (P \times T) \cup (T \times P)$，是有向弧集，表示库所和变迁之间的关系，其承载着令牌的流动，即资源的流动关系(flow relation)，在网络图中用带箭头的曲线表示。

$W:F \rightarrow \{1,2,\cdots\}$，是有向弧的权函数，表示每次允许通过有向弧的最大令牌个数，在网络图中数值一般标在有向弧上。

$M:p \rightarrow \{0,1,2,\cdots\}$，是一个映射函数，反映某个时刻整个系统的状态，即该时刻状态标识所含有的令牌数量。

$M_0:p \rightarrow \{0,1,2,\cdots\}$，是网络的初始标识，反映整个系统的初始资源状态，即初始状态标识所含有的令牌数量。

此外，对于某些过程的建模，还需要考虑库所的容量，需要在 Petri 网模型中引入一个参数来表示库所的容量，记为 $K(p)$，表示库所能容纳的最大令牌数量。令牌数量、有向弧权重、库所容量的数值都取非负整数，这是一般 Petri 网的特定条件。

通过 Petri 网定义可以看出，将其用于复杂系统过程建模，具有以下功能和特点。

① 不但能够描述系统的静态结构，而且可以通过状态标识变迁来表征系统的动态过程。

② 通过 Petri 网模型令牌数量的变换，能够观察系统的动态行为，有助于对复杂系统进行分析和研究，对其状态演化过程进行建模和仿真。

③ 能够描述维修任务和维修操作过程及系统资源的动态变化，以便做定性和实时的分析，而且也便于对过程的仿真实现和控制。

④ 允许使用线性规划的数学公式寻找最优的过程规划，便于对协同式维修任务和维修操作过程的优化分析和规划设计。

针对大型复杂装备 CVMT 的维修任务建模需求，考虑其维修任务的过程描述、动态分配及其目标检测，基于 Petri 网对协同式维修任务过程进行建模时，不但要考虑维修任务中不同层次之间的组成结构、逻辑关系和状态演化过程，而且要考虑维修任务中不同层次实施过程中所相关的维修人员、维修对象和维修资源。从而根据装备的结构特点和维修操作规程，对维修任务中的维修工序、维修工步、维修操作进行过程建模，描述不同层次之间，以及同一层次不同维修内容之间的组成结构、逻辑关系和状态演变过程。

同时，为了实现CVMTS的模块化设计，便于应用系统今后的扩展，对于维修任务过程进行相对独立的建模和开发，使其只关注不同维修任务自身的信息描述，而不需要负责维修操作过程的具体实施。下面分别从维修任务过程的组成结构、逻辑关系和状态演变对其建模分析作进一步论述。

3.3.2　基于层次化Petri网的逻辑结构建模

大型复杂装备维修任务中的维修工序通常繁琐而复杂，每个维修工序又包含不同数量的维修工步，各个维修工步又对应不同的维修操作序列。基于Petri网对其逻辑关系进行建模时，如果直接采用单层网络来描述一个比较复杂和繁琐的维修任务，Petri网模型可能出现组合爆炸的现象，会给建模带来很大的困难，同时也需要大量的仿真运行时间。

在Petri网模型中，可以用一个变迁或者库所替换网结构中的某一整块，而将其作为原网模型中的子网，利用这种方法可以使得原有Petri网从逻辑结构上得到简化[63,137]。对于协同式维修任务过程建模，可以建立维修任务层、维修工序层和维修工步层三种不同层次的Petri网模型。如图3.3所示为维修任务过程模型中某一维修任务层Petri网模型的层次化结构。维修任务层Petri网中各个库所元素表示的是不同的维修工序，维修工序Petri网中各个库所元素表示的是不同的维修工步，维修工步Petri网中各个库所元素表示的是不同的维修操作。由此可见，维修工步 Petri 网是维修任务过程模型中最小单位的 Petri 网模型。各层次 Petri 网中的最后一个库所元素（图 3.3 中的 P_n、S_{im} 和 O_{jk}）表示的是当前维修任务目标的完成状态，而各层次 Petri 网中的变迁元素表示相应维修操作任务信息的分析与处理过程，变迁元素通过对维修任务信息的分解和发送，以及对维修操作过程信息的接收和处理，实现对维修任务过程的状态变化控制。

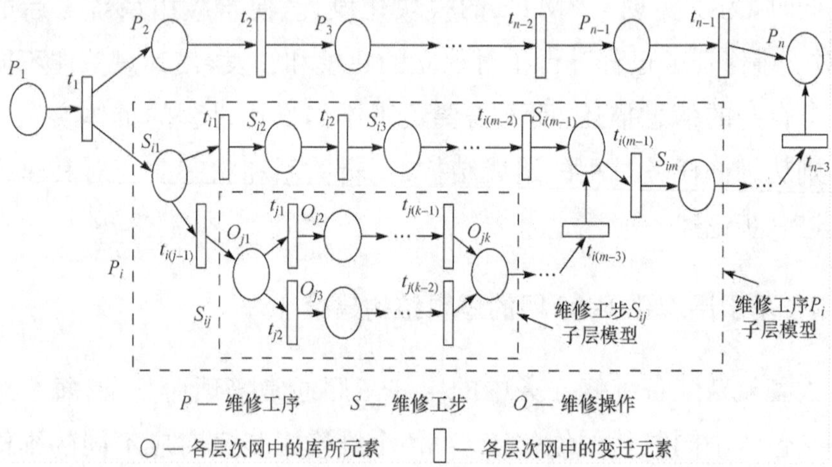

图 3.3　维修任务过程模型中某维修任务的层次化 Petri 网模型

当需要对维修任务层 Petri 网进行运算分析时，首先利用各库所元素对应的维修工序层子网进行替换运算，如图 3.3 中维修工序 P_i 用其子层模型进入维修工步层次的信息描述和处理。然后，利用维修工序层 Petri 网中各维修工步对应的维修工步层子网，对维修工序网模型中各库所元素进行替换，如图 3.3 所示维修工序 P_i 中维修工步 S_{ij} 可以用其子层模型进入具体维修操作的信息描述和处理。不但简化了维修任务 Petri 网模型的逻辑结构，而且能够通过对不同层次子网的并行和分布式运算，提高 Petri 网的仿真运行效率。

3.3.3　面向维修人员的逻辑关系建模

维修任务过程建模是为了对大型复杂装备 CVMT 过程中各维修

人员所承担的子任务进行规划和控制，从而指导装备零部件的协同维修过程。维修任务过程模型在确定不同层次 Petri 网模型的逻辑结构的基础上，还需要确定各层次 Petri 网模型中库所元素之间的逻辑关系。由于库所元素表示的是不同层次的维修工序、维修工步和维修操作，在实际维修过程中是由不同的维修人员单独或者相互配合来完成的。根据装备的维修规程，不同维修人员之间的协作关系决定了其所承担的维修任务各层次间的逻辑关系。为此，采用面向维修人员的方法，对基于 Petri 网的协同式维修任务过程模型中库所元素间的逻辑关系进行建模。

采用面向维修人员的建模方法时，需要考虑两方面的因素：一方面是在不同层次上对各维修人员所承担维修任务的分配规划；另一方面是多个维修人员在实施维修任务操作过程中的协同配合关系。对于两者的研究和分析都是基于图 3.3 中的维修任务过程层次化 Petri 网模型进行的。当某一项维修任务确定时，首先在维修任务层面对各维修人员所要承担的维修工序进行规划和分配，然后根据不同维修工序所配给的维修人员进行维修工步的规划和分配，最后根据不同维修工步所配给的维修人员进行维修操作的规划和分配。并同时规划在该过程中多个维修人员之间的协同配合关系。

(1) 维修任务层面的任务规划

在如图 3.4(a)所示的某维修任务的 Petri 网结构模型中，共有 P_1、P_2、P_3和 P_4维修工序，P_5表示维修任务的完成状态。如果维修过程中整个任务需要有三个维修人员 H_1、H_2和 H_3来承担，且维修人员 H_1承担维修工序 P_1，维修人员 H_2和 H_3分别承担维修工序 P_2和 P_3，同时维修人员 H_2和 H_3还需要共同承担维修工序 P_4。在只考虑维修任务过程的逻辑关系，而不考虑其状态演化过程的情况下，可以用如图 3.4(b)所示的 Petri 网模型来表示上述维修任务过程。

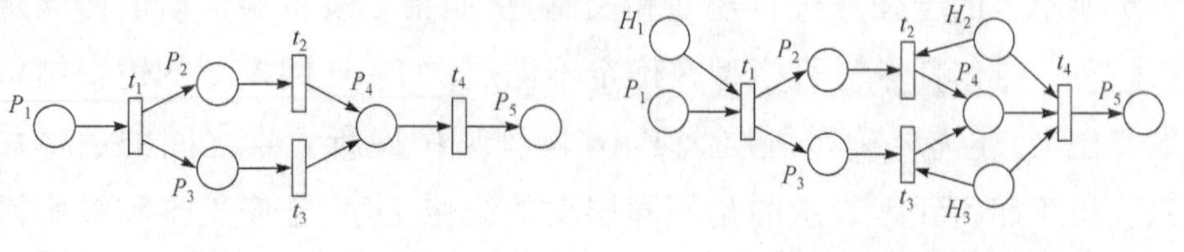

(a) 某维修任务结构模型　　(b) 维修任务层面任务规划模型

图 3.4　面向维修人员的某维修任务过程模型

如图 3.4 所示的 Petri 网模型虽然具有相同的任务层次结构，但在考虑维修人员任务规划的情况下，Petri 网模型在逻辑关系上将会变得较为复杂，且具有完全不同的状态演化过程。

(2) 维修工序层面的任务规划

图 3.4(b)中维修工序 P_1、P_2 和 P_3 都是由单个维修人员承担，则 P_1、P_2 和 P_3 对应的维修工步及其维修操作序列，都将由指定的同一个维修人员承担。在由单个维修人员承担的维修工序中，对应的维修工步序列及其各自的维修操作序列都只能是串行的逻辑关系。以维修工序 P_1 为例，假如其结构模型如图 3.5(a)所示，共有两个维修工步 S_1 和 S_2，S_3 表示其过程完成状态。由于整个工序都是由维修人员 H_1 承担，所以在维修工序 P_1 层面的过程模型中增加一个维修人员库所 H_1，如图 3.5(b)所示。

(a) 维修工序P_1结构模型　　(b) 维修工序P_1任务规划模型

图 3.5　面向单维修人员的维修工序过程模型

对于如图 3.4(b)所示的维修工序 P_4，因为是由维修人员 H_2 和 H_3 共同承担，则需要在维修工序层次对维修人员 H_2 和 H_3 所要承担的维修工步做进一步规划。假设维修工序 P_4 具有三个维修工步 S_1、S_2 和

S_3，S_4表示维修工序 P_4的过程完成状态，维修工序 P_4的结构模型可能存在多种不同形式。如图 3.6 所示列举了几种常见的结构形式，对于复杂的维修工序可能是这几种结构的混合，则需要根据实际情况来建立其结构模型。

对于如图 3.6(a)所示的串行结构，按照串行方式将全部维修工步分配给维修人员 H_2和 H_3，由两者分别单独完成，或者是部分单独完成、部分协同完成，如图 3.7(a)所示。对于如图 3.6(b)和图 3.6(c)中的串-并和并-串结构，串行部分分配给一人单独完成或是两人协同完成，并行部分则是由两人分别单独承担并发完成，如图 3.7(b)和图 3.7(c)所示。

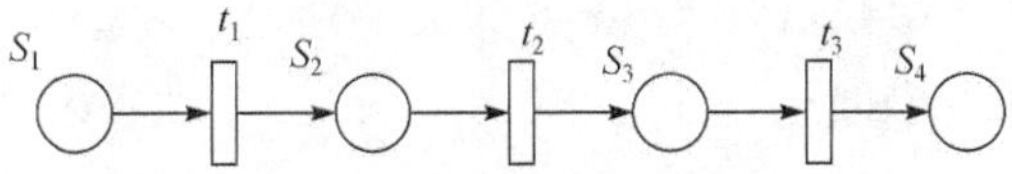

(a) 串行结构

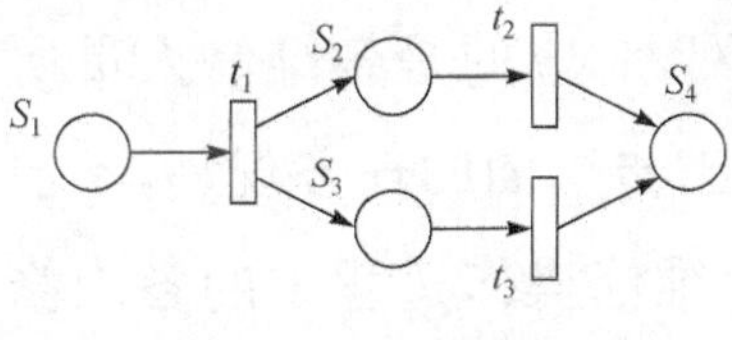

(b) 串-并结构

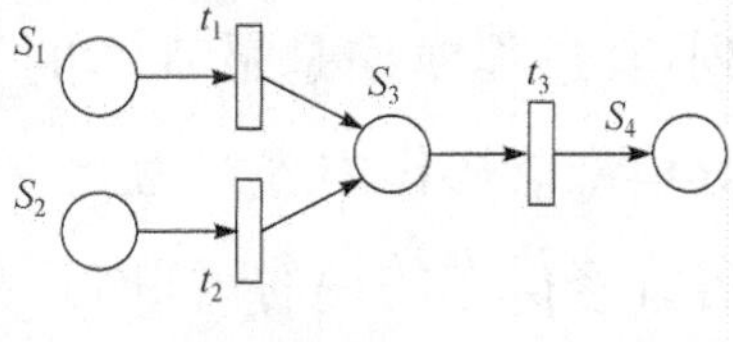

(c) 并-串结构

图 3.6　维修工序组成结构模型

由此可见，对于需要多个维修人员承担的维修任务过程，根据其不同的组成结构，相应的逻辑关系有多种不同的情况且较为复杂，需要根据具体的情况进行逐一分析。图 3.6 给出了几种常见的组成结构，对于这些常见结构的面向多个维修人员的维修任务过程规划，能够为复杂的混合式结构进行过程建模，提供通用的规划分析方法。

(3) 维修工步层面的任务规划

同维修工序层面的任务规划相比，维修工步层面的任务规划具有相同的结构特点和规划过程。不同的是维修工步是具体维修操作的组

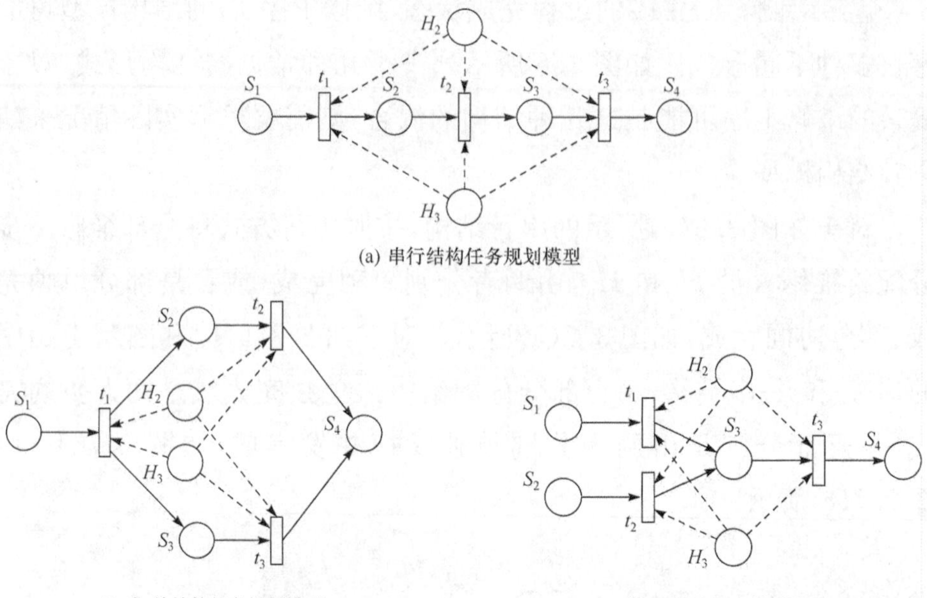

(b) 串-并结构任务规划模型　　(c) 并-串结构任务规划模型

图 3.7　面向多维修人员的维修工序过程模型

成序列，其过程模型是最基本的 Petri 网，对应的是各维修人员所要承担的具体维修操作内容。为此，在维修工步层面的任务规划，不但需要考虑各维修操作的内容，同时还要考虑维修操作过程中的各维修人员之间的协同配合关系。

3.3.4　协同式维修任务过程模型的状态演化分析

在协同式维修任务过程建模时，不但需要关注维修任务的组成结构和逻辑关系，而且还需要考虑维修任务在层次化结构和逻辑关系上的动态过程。维修任务的组成结构和逻辑关系描述了需要完成的各维修操作在层次上和顺序上的互联关系，即维修任务过程的静态特性。维修任务的动态过程则描述了维修任务在不同层面上的状态转移条件及其演化过程，即维修任务过程的动态特性。协同式维修任务过程模型的状态演化更能够表达维修任务过程的本质活动，即对维修任务的合理规划、动态分配和执行过程进行管理和控制。

维修任务过程模型的状态演化分析，是基于其层次化结构和逻辑关系进行的，三者相互之间也是密切配合的。在图3.3所示的维修任务过程Petri网模型中，库所元素描述的是需要完成的各类维修操作任务信息，其状态转移是由变迁元素决定的，经过变迁元素的分析和处理，按照相应的规则和条件控制维修任务的状态演化过程。如图3.4所示的维修任务过程，在考虑不同层次中各步骤和环节间的转换关系，以及对承担相应维修操作的维修人员的依赖时，可以用如图3.8所示的Petri网模型进行描述。

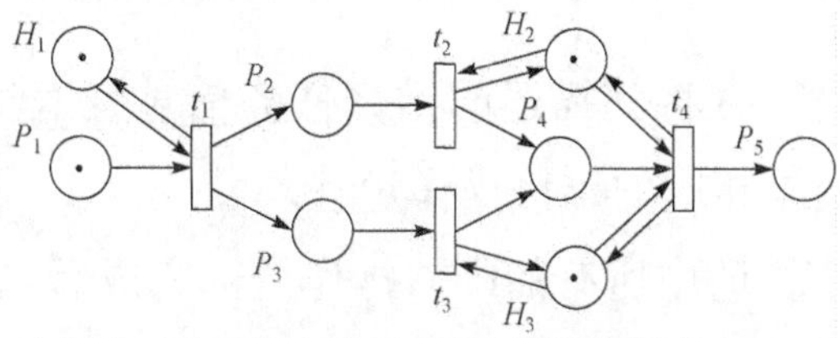

图3.8　某维修任务过程Petri网系统模型

如图3.8所示的Petri网模型是一个具有特定变迁发生规则的标识网(marked net)，也可以被称作为网系统(net system)。该Petri网系统模型不但描述了该维修任务过程的层次结构和逻辑关系，而且能够通过变迁的接连发生和标识的不断变化，来描述被模拟维修任务的状态演化过程。如图3.4所示，描述了维修任务层次结构和逻辑关系的Petri网模型，被称为该网系统模型的基网。

如图3.9(a)所示为维修任务过程Petri网系统模型的初始状态，记为M_0。维修工序库所P_i中的令牌表明当前的维修任务可以被分配且需要被执行。维修人员库所H_i中的令牌表示当前维修人员空闲且已经就位，可以执行所分配的相应维修任务。该网系统的状态演化过程如下。

① 在初始状态下，变迁t_1具有发生权，从而t_1首先执行维修工序

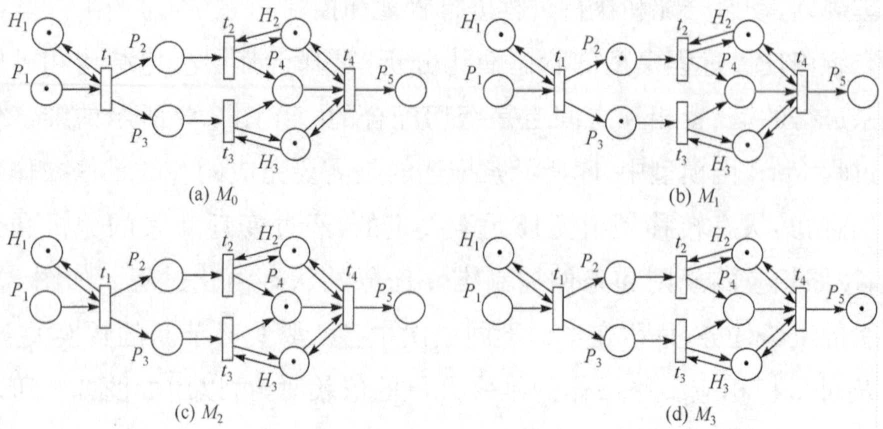

图 3.9　某维修任务过程网系统模型的状态演化过程

P_1的子网模型替换，并将其描述的维修任务信息发送给维修人员 H_1，然后由 H_1负责实施相应的维修操作过程。

② 当维修工序 P_1中所有的维修操作全部完成后，通过分析接收到的维修操作过程信息，维修工序 P_2和 P_3将被触发，进而等待被分配和执行，维修人员 H_1则恢复到空闲状态进行待工，此时产生的新状态标识 M_1如图 3.9(b)所示。

③ 在标识 M_1下，维修人员 H_2和 H_3都处于空闲且已经就位状态，变迁 t_2和 t_3都具有发生权，从而分别执行维修工序 P_2和 P_3的子网模型替换，并将各自描述的维修任务信息分别发送给维修人员 H_2和 H_3。然后，由维修人员 H_2负责实施维修工序 P_2的相应维修操作过程，维修人员 H_3负责实施维修工序 P_3的相应维修操作过程。

④ 当维修工序 P_2和 P_3中所有的维修操作全部完成后，通过分析接收到的维修操作过程信息，维修工序 P_4将被触发，进而等待被分配和执行，维修人员 H_2和 H_3则恢复到各自的空闲状态进行待工，此时产生的新状态标识 M_2如图 3.9(c)所示。

⑤ 在标识 M_2下，维修人员 H_2和 H_3都再次处于空闲且已经就位状态，变迁 t_4具有发生权，从而执行维修工序 P_4的子网模型替换，并将其

描述的维修任务信息发送给维修人员 H_2 和 H_3。然后，由维修人员 H_2 和 H_3 协同负责实施维修工序 P_4 的相应维修操作过程。

⑥ 当维修人员 H_2 和 H_3 协同完成维修工序 P_4 中的所有维修操作后，通过分析接收到的维修操作过程信息，维修任务的完成状态标志 P_5 将被触发，维修人员 H_2 和 H_3 则恢复到各自的空闲状态进行待工，此时产生的新状态标识 M_3 如图 3.9(d)所示。

⑦ 在标识 M_3 下，维修人员 H_1、H_2 和 H_3 都再次处于空闲且已经就位状态，等待 CVMTS 中维修任务分析/决策模块对状态标志 P_5 进行检测和评价，当 P_5 符合该维修任务目标时，维修人员 H_1、H_2 和 H_3 则等待其他维修任务；否则，维修工序 P_1 将会再次被触发，进行维修任务的又一次操作训练，直至取得成功。

对于维修工序层和维修工步层的过程模型，具有与维修任务层模型类似的状态演化过程，可以根据相应的层次结构和逻辑关系，通过以上分析方法对其动态变化过程进行推演和分析。

3.4　协同式维修任务过程建模及其动态分配策略研究

通过对基于 Petri 网的协同式维修任务过程建模分析，可以看出其不但具有层次化的静态结构和逻辑关系，而且在动态演化过程中需要进行较多的信息交互处理，利用一般的 Petri 网模型对该过程进行描述就会使其变得十分复杂，往往会出现状态爆炸的问题。

颜色 Petri 网(colored Petri nets，CPN)作为传统 Petri 网的一种扩展，它结合了基本 Petri 网和高级语言的特点，通过对网系统中的令牌进行分类或解析，使网系统中的基本元素减少，从而达到缩小 Petri 网系统规模的目的[63,137,138]。CPN 的层次性保证了被模拟系统或者过程的微小变化不会完全改变模型的结构，从而大大简化了对复杂系统及过程的建模[139,140]。

为了进一步简化系统和过程的结构，提高 CPN 的建模和运行效率，在保持其性质不变的前提下，采用层次 CPN(hierarchical CPN, HCPN)将一般的 CPN 网系统进一步折叠，进而把复杂的 CPN 网模型分成小规模的模块，简化了系统或过程模拟的复杂度[137-139,141]。

此外，HCPN 还能够与基于 MAS 的维修任务分配及决策模型进行结合[142,143]，方便地实现对维修任务的动态分配和智能决策。为此，基于 HCPN 进行协同式维修任务过程建模，不但能够满足其层次化结构和复杂逻辑关系的建模需求，而且能够真实高效地描述协同式维修任务的动态过程。

3.4.1 基于 HCPN 的协同式维修任务过程模型

定义 3.6 协同式维修任务过程模型定义为一个多元组 CMTPS_HCPN=$(CPNS,SN,SA,PN,PT,PA,FS,FT,PP,M)$。

① $CPNS$ 是页的有限集。

$\forall s\in CPNS$，s 是一个非层次 $CPN=(\Sigma,P,T,F,N,C,G,E,I)$，其相关定义可参考文献[140]和[144]，即

$\forall s_1,s_2\in CPNS:[s_1\neq s_2\Rightarrow(Ps_1\cup Ts_1\cup As_1)\cap(Ps_2\cup Ts_2\cup As_2)=\varnothing]$，说明不同子网元素的集合是两两不相交的。

② $SN\subseteq T$ 是替换节点(substitution nodes)的集合。此处，$T=\{t\mid\exists s\in CPNS:t\in Ts\}$。

③ SA 是页分配(page assignment)函数。它将 SN 映射到 $CPNS$，使得所有页都不会成为自己的子页(sub-pages)。

④ $PN\subseteq P$ 是端口节点(port node)的集合，此处，$P=\{p\mid\exists s\in CPNS:p\in Ps\}$。

⑤ PT 是端口类型(port type)函数，且有 $PT:PN\rightarrow\{\text{in},\text{out},\text{i/o},\text{general}\}$。

⑥ PA 是端口分配(port assignment)函数。用于关联父页的套接

节点和子页的端口节点，它将 SN 映射到一个序偶集合，使得套接节点和端口节点相关联，即

$\forall t \in SN: PA(t) \subseteq X(t) \times PNSA(t)$

套接节点具有正确的数据类型为

$\forall t \in SN, \forall (p_1, p_2) \in PA(t): [PT(p_2) \neq \text{general} \Rightarrow ST(p_1, t) = PT(p_2)]$

相关联的节点具有相同的颜色集和等价的初始表达式，即

$\forall t \in SN, \forall (p_1, p_2) \in PA(t): [C(p_1) = C(p_2) \wedge I(p_1) <> = I(p_2) <>]$。

⑦ $FS \subseteq PS$ 是融合集(fusion set)的有限集。融合集中的所有成员都具有相同的颜色集和等价的初始表达式，即

$\forall fs \in FS, \forall p_1, p_2 \in fs: [C(p_1) = C(p_2) \wedge I(p_1) <> = I(p_2) <>]$

⑧ FT 是融合类型(fusion type)函数。它将融合集映射到{global, page, instance}，使得页和实例的联合集都属于一个单页(single page)，即

$\forall fs \in FS: [FT(fs) \neq \text{global} \Rightarrow \exists s \in CPNS: fs \in Ps]$

⑨ $PP \in S_{MS}$ 是初始页(prime page)的多重集。

⑩ $M \in \rho(P)$ 为库所 P 的实例集，$\rho(P)$ 为库所 P 的幂集。

定义 3.7　CMTPS_HCPN=($CPNS, SN, SA, PN, PT, PA, FS, FT, PP, M$)表示一个协同式维修任务过程模型集合，$M_0 \in M$ 为 CMTPS_HCPN 的一个实例，则 CMTP_HCPN=($CPNS, SN, SA, PN, PT, PA, FS, FT, PP, M_0$)为一个协同式维修任务过程。

定义 3.8　记任务库所为 p，变迁为 t，对于任一任务库所 p。

① 若(p, t)成立，则称 p 是 t 的前驱任务，t 是 p 的后继变迁。序偶$(p, \wedge)$表示 p 没有后继变迁，该任务称作相应维修过程的终点，用于表示其完成状态。

② 若(t,p)成立，则称t是p的前驱变迁，p是t的后继任务。序偶$(\wedge,p)$表示p没有前驱变迁，该任务称作相应维修过程的起点，用于表示其初始状态。

③ 若$(p_i,t)\wedge(t,p_j)$成立，则称p_i是p_j的前驱任务，p_j是p_i的后继任务。

定义 3.9 记任务库所为p，变迁为t，对于任一任务库所p。

① 设有向弧$F=(p,t)$，记$U_{\text{tk-in}}=(\{r_{\text{tk-in}}\},OP)$，其中$r_{\text{tk-in}}$是任务$p$对于变迁$t$的传入令牌，$OP$是施加于传入令牌上的逻辑运算操作，则称$U_{\text{tk-in}}$是变迁$t$是来自任务$p$的前驱资源条件。

② 设有向弧$F=(t,p)$，记$U_{\text{tk-out}}=(\{r_{\text{tk-out}}\},OP)$，其中$r_{\text{tk-out}}$是变迁$t$对于任务$p$的传出令牌，$OP$是施加于传出令牌上的逻辑运算操作，则称$U_{\text{tk-out}}$是变迁为$t$流向任务$p$的后继资源条件。

在大型复杂装备CVMT过程中，通过选取不同的CMTPS_HCPN的实例，便可进行相应维修任务的过程建模和动态仿真。通过层层构建的CPN网系统，将模型的细粒度从维修任务细化为维修工序，接着将维修工序细化为维修工步，然后再将维修工步细化为一个个的维修操作序列，从而较好地满足了CVMT过程中任务规划、分配和决策的需求。同时，通过建立高层模型和低层模型之间统一的语法和语义，确保了在细化过程中维修任务过程的一致性描述。

CMTPS_HCPN通过对协同式维修任务层次结构和逻辑关系上的描述，为维修操作过程的具体实施提供所需的任务规划、分配与决策。由于其只关注自身的信息描述与处理，且采用层次化和模块化结构进行设计，便于CVMTS的开发以及今后的扩展。

3.4.2 基于CMTPS_HCPN的维修任务过程建模规则

对于任一协同式维修任务过程模型集CMTPS_HCPN，其中的各个维修任务过程实例都是并行存在的。通过对不同的维修任务过程实例进行建模，便可以组合成不同的维修任务过程模型集。一个维修任务的层次化分解是从维修任务层（维修工序序列）→维修工序层（维修工步序列）→维修工步层（维修操作序列）的过程，具有三个不同的细化层面，通过变迁替换便可以实现对低层模型的调用和信息处理。从而，在基于 HCPN 进行维修任务建模时，可以将不同的维修任务作为 Top 页，而将其对应的维修工序层和维修工步层都作为其子页，并通过建立相应的规则确保其调用的层次关系和先后顺序。基于 CMTPS_HCPN 的维修任务想定建模规则如下。

① 对于具有 m 个维修工序的维修任务过程 MT_0，其对应于 m 个维修工序层子页；若第 $i(i=1,2,\cdots,m)$ 个维修工序具有 $s_i(s_i\geqslant 1)$ 个维修工步，则维修任务过程 MT_0 具有 $\sum_{i=1}^{m}(s_i+1)$ 个工序及工步模型子页。

② Top 页和各层子页中的库所描述的是不同层次维修任务及其所分配维修人员（可看作为维修任务过程中的资源）的集合，通过令牌描述其相应的状态变化。

③ 高层模型中的维修任务库所可以用其对应的低层子页进行替换，直至用描述维修操作任务序列的维修工步模型来描述。

④ Top 页和各层子页中的变迁描述的是对其前驱库所的分析和处理过程，从而实现协同式维修任务过程的状态演化。

⑤ 将各维修人员设计为不同子页中的全局资源库所，直接作用于其所分配的维修任务对应的后继变迁。

⑥ 给定变迁集 $T=\{t_1,t_2,\cdots,t_n\}$ 及其对应的任务库所集 $P=\{p_1,p_2,\cdots,p_m\}$ 和某个维修人员 h，对于任一变迁 $t_i\in T$，若 $t_i.h.\mathrm{Exist}=\mathrm{true}\wedge t_i.h.\mathrm{Useful}=\mathrm{true}(i=1,2,\cdots,n)$，则维修人员 h 对于变迁 t_i 及其前驱维修任务 p_k 是可分配的。此时 h 对于所有的 $t_j\in T(j\neq i)$ 和 $p_l\in P(l\neq k)$ 是不可分配的，即维修人员是具有独占性的资源。

⑦ 对于任一变迁 t，若对应于其输入维修任务 $p_{in1}, p_{in2}, \cdots, p_{ink}$ 的前驱资源条件 $U_{tk\text{-}in1}, U_{tk\text{-}in2}, \cdots, U_{tk\text{-}ink}$ 均为真，并且 t 的所有私有资源依赖令牌 $r_{tk\text{-}dep1}, r_{tk\text{-}dep2}, \cdots, r_{tk\text{-}depk}$ 也均为真，则 t 执行资源点火规则（fire-rule）操作。若 fire-rule 操作结果为真，则进行点火，从而激发变迁 t。

⑧ 当任一变迁 t 结束时，则判定其所有私有期望资源令牌 $r_{tk\text{-}exp1}$，$r_{tk\text{-}exp2}, \cdots, r_{tk\text{-}expl}$ 是否均为真，然后依照路径规则判定其后继资源条件 $U_{tk\text{-}out1}, U_{tk\text{-}out2}, \cdots, U_{tk\text{-}outl}$ 是否均为真；若 $U_{tk\text{-}out1}, U_{tk\text{-}out2}, \cdots, U_{tk\text{-}outl}$ 均为真，并且 $r_{tk\text{-}exp1}, r_{tk\text{-}exp2}, \cdots, r_{tk\text{-}expl}$ 也均为真，则对于变迁 t 消耗或就地输出的资源，标记其属性 Exist 为 false，表示其令牌数为 0；对于变迁 t 产生的传出资源和自身依赖资源，标记其属性 Exist 为 true，表示其令牌数具有相应的赋值；对于除变迁 t 的其他所有变迁，解除⑥中锁定的维修人员，使得 $t_j.h.\text{Useful}=\text{true}(t_j \neq t)$。

⑨ 通过颜色函数 C 将每个维修任务模型中的所有库所 p 映射为令牌颜色集合 $C(P)$，用于表示不同状态下 p 的实例属性集。该属性集分为描述信息和参数信息两部分，描述信息用于区分不同的对象，如顺序编号、优先级、维修人员编号等；参数信息用于实现对运行控制过程和运行结果的管理，参数设为实例句柄（区分实例的唯一标识）、可触发的变迁名称、资源需求名称及个数、其他任务执行属性。

⑩ 通过定义变迁（活动）t 的令牌颜色集合 $C(t)$，描述变迁 t 在可以点火时必须包含的颜色集。通过对不同变迁的令牌颜色定义，实现对协同式维修任务过程状态演化的控制。

3.4.3 基于 CMTPS_HCPN 的维修任务过程建模

维修任务过程建模需要根据不同维修任务的层次结构、逻辑关系、动态过程，以及对应的实例情况做出相应的处理。由于维修任务、维修工序、维修工步在本质上都是维修操作的有序组合，基于 CMTPS_HCPN 进行协同式维修任务过程建模，能够对不同层次的维修任务模型使用统一的语法和语义，从而确保维修任务规划及仿真过程中的一致性描述。通过对维修任务过程 HCPN 模型的分析，能够得到不同层次维修任务 CPN 模型内部动作之间关系、各 CPN 模型内部动作与状态改变之间关系、多维修人员任务分配及相互协作关系等的形式化描述。

下面以图 3.4 所示的维修任务结构模型为例，介绍协同式维修任务过程的具体建模方法。对于任一维修任务，在 HCPN 模型中位于 Top 页，相应的维修工序和维修工步 CPN 模型则位于相应的子页。由于在本质上具有相同的形式化描述，以下仅以维修任务层面的 CPN 模型(图 3.10)为例介绍其建模过程。其主要流程如下。

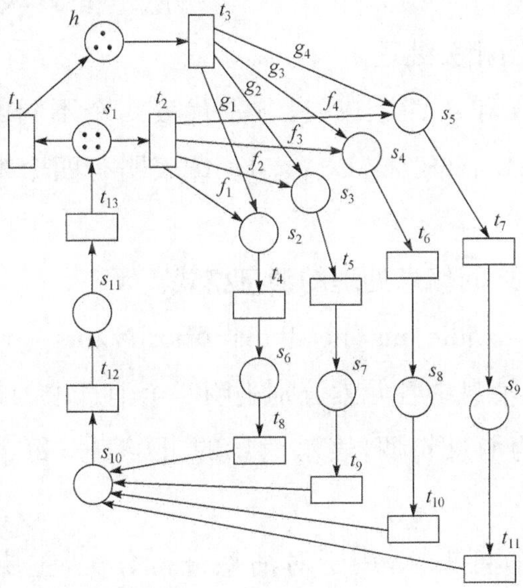

图 3.10　某维修任务层面的 CPN 模型(#page0)

① 为维修模型中各库所 s 建立标记名称，并明确其具体意义。

s_1维修任务消息发送接口；s_2维修工序 P_1消息接收单元；s_3维修工序 P_2消息接收单元；s_4维修工序 P_3消息接收单元；s_5维修工序 P_4消息接收单元；s_6维修工序 P_1消息输出接口；s_7维修工序 P_2消息输出接口；s_8

维修工序 P_3 消息输出接口；s_9 维修工序 P_4 消息输出接口；s_{10} 维修任务层消息接收单元；s_{11} 维修工序消息处理结果；h 维修人员库。

② 为维修模型中各变迁建立标记名称，并明确其具体意义。

t_1 维修任务分配请求；t_2 维修任务分解请求；t_3 维修人员任务分配处理；t_4 维修工序 P_1 替换＃page1；t_5 维修工序 P_2 替换＃page2；t_6 维修工序 P_3 替换＃page3；t_7 维修工序 P_4 替换＃page4；t_8 维修工序 P_1 消息发送；t_9 维修工序 P_2 消息发送；t_{10} 维修工序 P_3 消息发送；t_{11} 维修工序 P_4 消息发送；t_{12} 维修工序消息接收与处理；t_{13} 维修任务目标分析与决策处理。

③ 定义该维修任务的颜色集 H,T。

H 包含 r、s 和 t 三个成员，分别代表承担不同维修任务的三个维修人员 H_1、H_2 和 H_3；$1*r+1*s+1*t$ 表明三个维修人员已经就绪，可以进行任务分配的相关处理。

T 包含 a、b、c 和 d 四个成员，分别代表四个不同的维修工序 P_1、P_2、P_3 和 P_4。；$1*a+1*b+1*c+1*d$ 表明有四个维修工序等待被执行。

④ 定义相互之间信息处理的消息格式。

Mes＝{ ms_handle，ms_head，ms_priority，ms_content，ms_sender，ms_receiver}，消息中各元素分别表明一个消息中的相应信息。

ms_handle 为消息句柄，表示消息的 ID 编号，每个消息具有唯一的 ID。

ms_head 为消息头标，用于对消息进行分类，主要有请求类消息（request message）和回复类消息（reply message），用于发送各类请求处理并返回给请求者相应的处理结果，分别记为 QM 类消息和 RM 消息。

ms_priority 为消息的优先级，确定了消息的发送和处理的先后顺序。

ms_content 为消息内容，根据不同的消息类型和具体的处理方式，对各类交互信息进行规范描述。

ms_sender 为消息发送者。

ms_receiver 为消息接收者。

⑤ 定义有向弧的逻辑操作表达式，如图 3.10 所示的 f_1、f_2、f_3、f_4 和 g_1、g_2、g_3、g_4，其对应的表达式为

f_1：if(ms_receiver≠process1) then empty

f_2：if(ms_receiver≠process2) then empty

f_3：if(ms_receiver≠process3) then empty

f_4：if(ms_receiver≠process4) then empty

g_1：if(ms_sender≠operator1) then empty

g_2：if(ms_sender≠operator2) then empty

g_3：if(ms_sender≠operator3) then empty

g_4：if(ms_sender≠(operator2∧operator3)) then empty

对于维修任务模型中的维修工序子页，具有与图 3.10 相似的层次结构和逻辑关系及其相互之间的行为描述。不同的维修工序又对应相应的维修工步子页，然而维修工步子页则不再具有层次化结构，描述的是具体操作任务之间的结构、逻辑关系和动态过程，不需要进行维修任务的再分解处理。

对于如图 3.10 所示的维修任务 Top 页模型，假设其对应的某个维修工序 P_i 由 3 个维修工步组成，需要由 2 个维修人员来协同完成，则维修工序 P_i 基于 HCPN 的子页模型可以由图 3.11 所示的子页模型表示。假设维修工序 P_i 对应的某个维修工步 S_{ij} 有 3 个维修操作组成，需要 2 个维修人员来协同完成，则维修工步 S_{ij} 基于 HCPN 的子页模型可以由如图 3.12 所示的子页模型表示。图 3.12 中的虚线部分表示相应的维修操作过程模型，只有当相应的维修操作执行完毕后，才会返回其执行结果到任务模型中进行状态分析与处理。图 3.10～图 3.12 中的模型结构不但能够方便地描述不同任务层次的结构组成和逻辑关系（串行、并行和串并混合），而且通过 Top 页模型与各子页模型之间的消

息发送、接收和处理，便能够实现维修任务过程的动态演化。

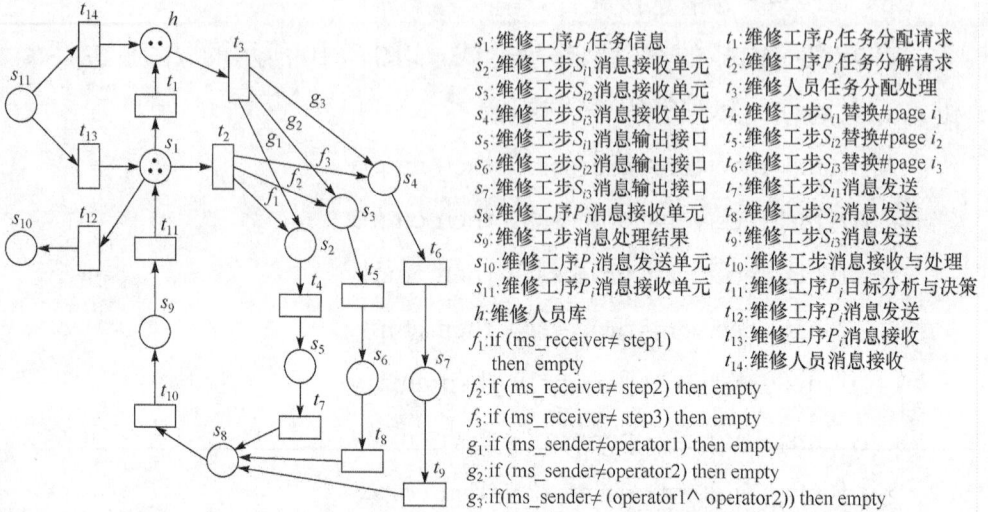

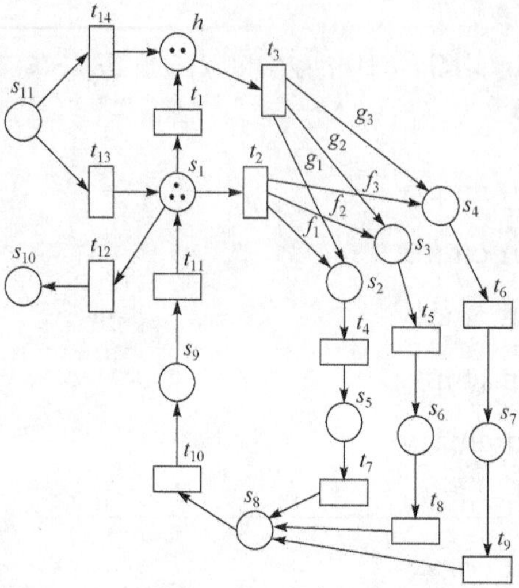

s_1:维修工序P_i任务信息
s_2:维修工步S_{i1}消息接收单元
s_3:维修工步S_{i2}消息接收单元
s_4:维修工步S_{i3}消息接收单元
s_5:维修工步S_{i1}消息输出接口
s_6:维修工步S_{i2}消息输出接口
s_7:维修工步S_{i3}消息输出接口
s_8:维修工序P_i消息接收单元
s_9:维修工步消息处理结果
s_{10}:维修工序P_i消息发送单元
s_{11}:维修工序P_i消息接收单元
h:维修人员库

t_1:维修工序P_i任务分配请求
t_2:维修工序P_i任务分解请求
t_3:维修人员任务分配处理
t_4:维修工步S_{i1}替换#page i_1
t_5:维修工步S_{i2}替换#page i_2
t_6:维修工步S_{i3}替换#page i_3
t_7:维修工步S_{i1}消息发送
t_8:维修工步S_{i2}消息发送
t_9:维修工步S_{i3}消息发送
t_{10}:维修工步消息接收与处理
t_{11}:维修工序P_i目标分析与决策
t_{12}:维修工序P_i消息发送
t_{13}:维修工序P_i消息接收
t_{14}:维修人员消息接收

f_1:if (ms_receiver≠ step1) then empty
f_2:if (ms_receiver≠ step2) then empty
f_3:if (ms_receiver≠ step3) then empty
g_1:if (ms_sender≠operator1) then empty
g_2:if (ms_sender≠operator2) then empty
g_3:if(ms_sender≠ (operator1∧ operator2)) then empty

图 3.11　某维修工序 P_i层面的 CPN 子页模型（# page$i$）

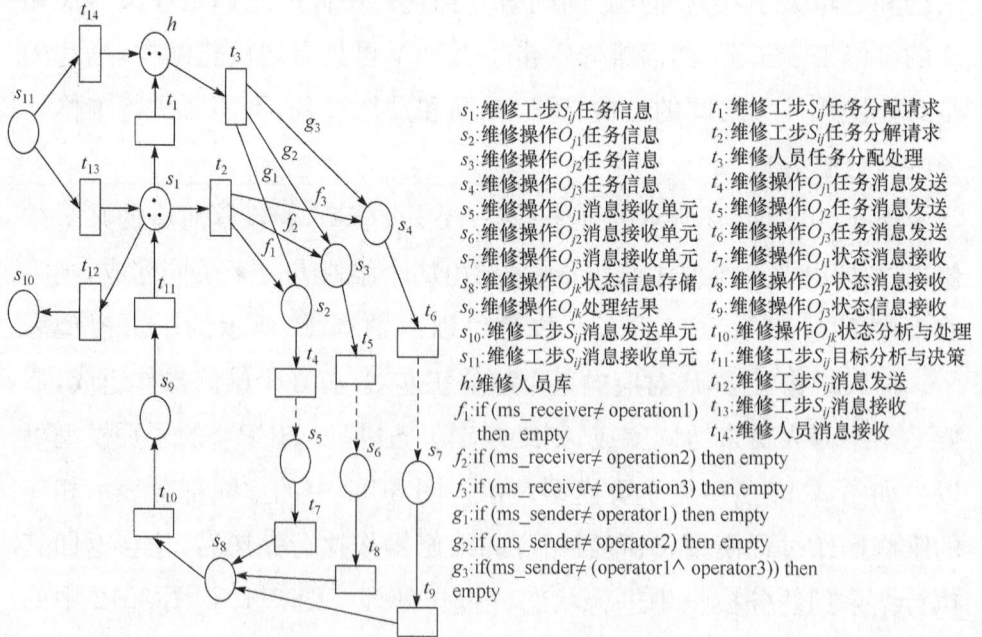

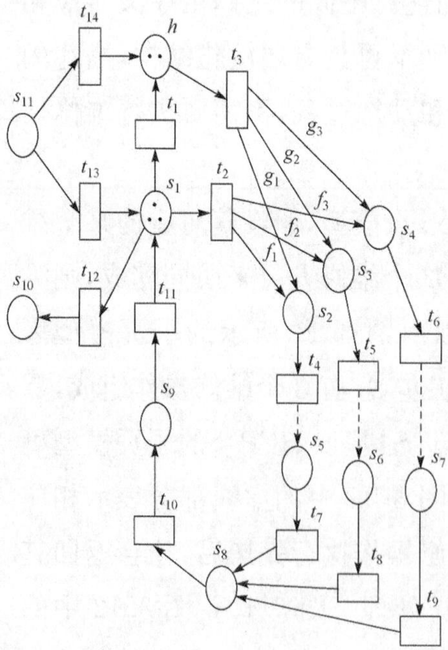

s_1:维修工步S_{ij}任务信息
s_2:维修操作O_{j1}任务信息
s_3:维修操作O_{j2}任务信息
s_4:维修操作O_{j3}任务信息
s_5:维修操作O_{j1}消息接收单元
s_6:维修操作O_{j2}消息接收单元
s_7:维修操作O_{j3}消息接收单元
s_8:维修操作O_{jk}状态信息存储
s_9:维修操作O_{jk}处理结果
s_{10}:维修工步S_{ij}消息发送单元
s_{11}:维修工步S_{ij}消息接收单元
h:维修人员库

t_1:维修工步S_{ij}任务分配请求
t_2:维修工步S_{ij}任务分解请求
t_3:维修人员任务分配处理
t_4:维修操作O_{j1}任务消息发送
t_5:维修操作O_{j2}任务消息发送
t_6:维修操作O_{j3}任务消息发送
t_7:维修操作O_{j1}状态消息接收
t_8:维修操作O_{j2}状态消息接收
t_9:维修操作O_{j3}状态信息接收
t_{10}:维修操作O_{jk}状态分析与处理
t_{11}:维修工步S_{ij}目标分析与决策
t_{12}:维修工步S_{ij}消息发送
t_{13}:维修工步S_{ij}消息接收
t_{14}:维修人员消息接收

f_1:if (ms_receiver≠ operation1) then empty
f_2:if (ms_receiver≠ operation2) then empty
f_3:if (ms_receiver≠ operation3) then empty
g_1:if (ms_sender≠ operator1) then empty
g_2:if (ms_sender≠ operator2) then empty
g_3:if(ms_sender≠ (operator1∧ operator3)) then empty

图 3.12　某维修工步 S_{ij}层面的 CPN 子页模型（# pageij）

由此可以得到基于 CMTPS_HCPN 进行维修任务规划建模的一般步骤。

① 通过对维修任务过程中各类相关元素的定义，建立不同层次维修任务过程的概念模型。

② 通过分析不同层次维修任务过程的概念模型，得到协同式维修任务 CPN 模型的 Top 页，以及对应的不同级别的子页模型。

③ 根据协同式维修任务过程的层次化结构组成及其逻辑关系，具体化 Top 页及其 Sub-pages 的结构组成与逻辑关系。

④ 通过对协同式维修任务过程 HCPN 模型进行分析，进而得到不同层次维修任务过程中各种关系的形式化描述。

3.4.4 协同式维修任务动态分配决策

在对协同式维修任务过程进行建模和规划的基础上，为了实现维修任务在维修操作过程中的动态分配、智能管理和决策控制，并降低协同式维修任务模型与平台之间信息通信接口的开发难度，基于 MAS 对维修任务的动态分配和决策过程进行建模和仿真。同时，将基于 CMTPS_HCPN 的维修任务过程模型的内部行为放于本地联邦成员内进行处理，而与外部的信息通信则由 MAS 进行统一的分析决策和处理。在大型复杂装备 CVMT 过程中，协同式维修任务的动态分配及其决策是基于其 HCPN 模型的层次化结构、逻辑关系和状态变化过程而实现的。协同式维修任务分配模型的主要功能结构及其流程如图 3.13 所示。

通过对零部件的故障信息分析，协同式维修任务分配决策模型在维修任务库中进行相应维修任务信息的检索与查询，从而确定需要进行的维修任务信息。进而，基于 CMTPS_HCPN 对该维修任务过程进行规划和模拟，其主要过程如下。

① 维修任务 Top 页模型通过发送维修任务分解与分配请求操作，

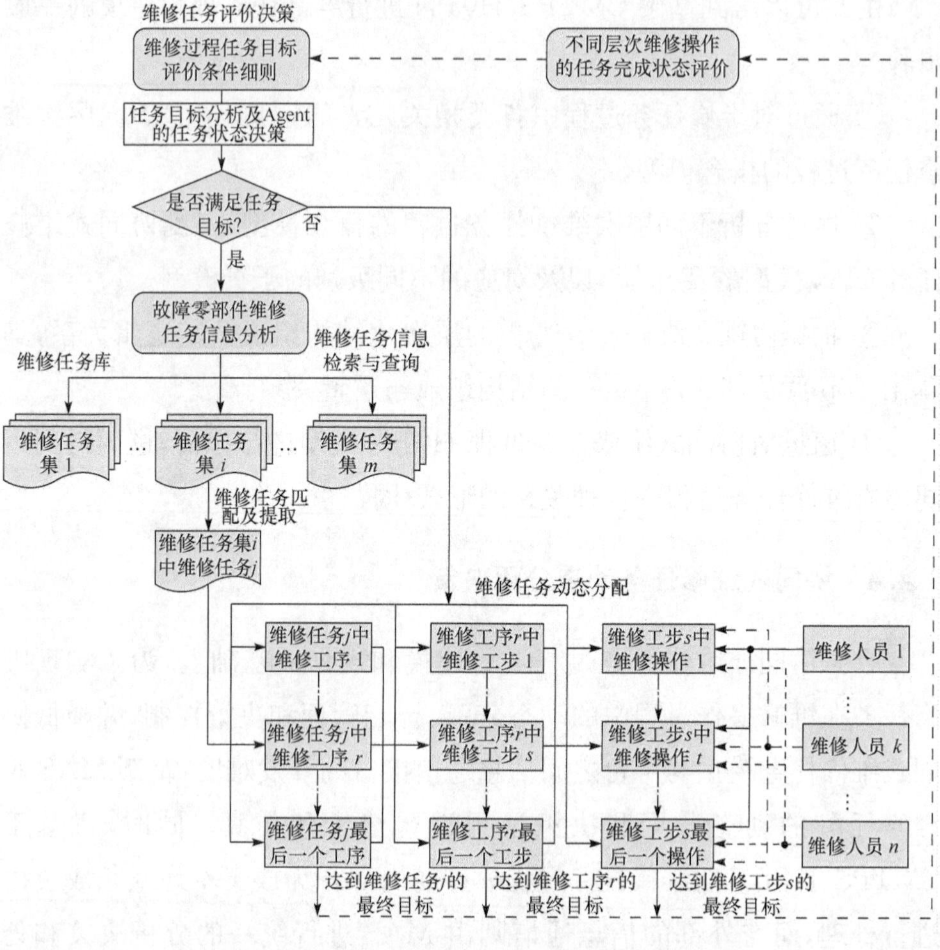

图 3.13　协同式维修任务分配决策模型功能流程示意图

对维修任务进行工序分解并分配给相应的维修人员,并按照维修工序的优先等级依次进入维修工序子页模型的过程模拟。

② 维修工序子页模型通过发送维修工序分解与分配请求操作,对已分配的维修人员进行相应维修工步的任务分配,并依次进入维修工步子页模型的动态过程模拟。

③ 维修工步子页模型中的所有维修操作任务是最基本的任务单元,不需要进行分解处理,只需要对已分配的维修人员进行具体的维修操作任务分配,并依次进行相应的操作任务处理。

④ 维修人员在执行所分配的维修操作任务时，每当完成一个维修操作时，发送当前操作的完成状态消息到维修任务评价决策模块。当满足维修目标要求时，维修任务评价决策模块发送操作成功指令，进入下一个维修操作任务；否则，发送操作失败指令，重复当前的维修操作任务过程。

⑤ 当维修工步中最后一个维修操作任务执行完毕后，发送当前工步的完成状态消息到维修任务评价决策模块及其父级维修工序子页。当完成状态满足任务目标要求时，维修任务评价决策模块发送相应的控制指令到其父级维修工序子页，当前维修工步子页模型通过对消息的接收与处理，进入下一个维修工步任务的处理过程；否则，重复当前的维修工步任务过程。

⑥ 当维修工序中最后一个维修工步任务执行完毕后，发送当前工序的完成状态消息到维修任务评价决策模块和维修任务Top页。当完成状态满足任务目标要求时，维修任务评价决策模块发送相应的控制指令到维修任务Top页，通过对消息的接收与处理，进入下一个维修工序任务的处理过程；否则，重复当前的维修工序任务过程。

⑦ 当维修任务中最后一个维修工序任务执行完毕后，发送当前任务的完成状态消息到维修任务评价决策模块。当完成状态满足任务目标要求时，维修任务评价决策模块发送任务完成指令，等待下一个维修任务过程的处理；否则，重复当前的维修任务过程。

为了能较好地处理维修任务过程的动态分配与决策，基于MAS设计了协同式维修任务分配决策模型。其组成结构如图3.14所示，主要由维修任务分配管理Agent单元和维修人员操作任务决策Agent单元两类组成，对应于所在的联邦成员都设计为相对独立的Agent节点，每个节点可以看做一个单独的Agent单元，由决策Agent、执行Agent和评价Agent组成。决策Agent根据维修任务的完成状态，对下一步的维修任务进行分析与决策；执行Agent根据决策Agent的处理结果，通过信息交互接口发送相应的控制命令到各维修人员操作节点的 Agent 单元;评价 Agent 负责对各层次维修任务的完成状态进行评价,并将评价结果发送至决策 Agent 进行分析处理。协同式维修任务分配决策模型的主要工作流程如下。

① 故障部件确定后,维修任务分配决策管理模块通过对零部件故障信息的分析与处理,进而从维修任务库中选定相应的维修任务。

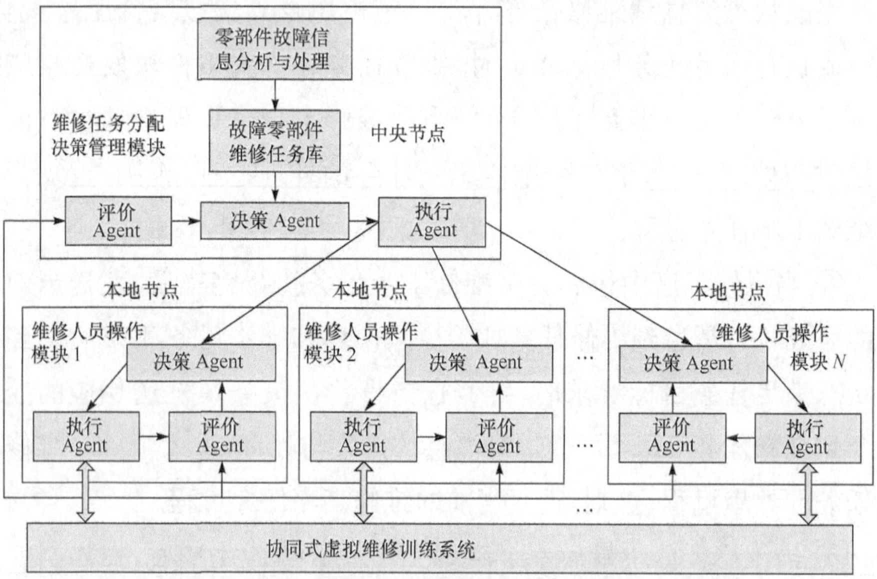

图 3.14 协同式维修任务分配决策模型组成结构示意图

② 中央节点的决策 Agent 根据维修任务过程模型的任务规划,通过中央节点的执行 Agent 将选定的维修任务信息向各工位维修人员进行分配。

③ 各本地节点的决策 Agent 通过对接收到的维修任务信息进行分析,确定本节点要执行的维修任务过程,并交给本地节点的执行Agent 进行相应的维修任务规划和分配。

④ 各本地节点的评价 Agent 用于对不同层次的维修任务操作是否满足相应条件和达到维修目标进行检测,并将本节点的评价信息发送

至中央节点的评价 Agent 进行全局分析和评价。

⑤ 当所有本地节点的维修目标都已经实现，中央节点的评价Agent将会发送成功信息到其决策 Agent，进入下一次维修任务的分配决策；否则，中央节点的评价 Agent 将会发送包含具体原因的失败信息到其决策 Agent，中央节点的执行 Agent 将会继续保持向各本地节点的决策 Agent 分配当前的维修任务，直至各节点全部完成所分配的任务。

3.5 小　结

通过维修任务过程模型可以看出，对于任一维修任务的分配，最终是具体到各维修人员相应的操作任务分配。维修人员在执行维修操作任务中的逻辑关系和协作关系，直接决定其上级层次的任务分配规划。此外，虽然不同维修人员所要承担的维修任务是相对固定的，但是随着维修任务过程的推进，剩余的维修任务及其实施过程是不断变化的。通过对维修任务过程的评价和决策，协同式维修任务分配决策模型能够根据当前的任务状态，对各维修人员所要承担的维修任务进行动态分配与决策分析。为此，协同式维修操作的具体实施过程不但是 CVMT 所要研究的重要内容，而且是 CVMT 过程中任务分配决策的重要依据。第 4 章将对其进行研究和分析。

第4章　CVMTS维修操作过程建模与仿真研究

4.1　引　　言

维修任务过程模型实现了在不同任务层面上的任务分配和决策，而维修操作过程是维修任务在工步层面上的具体实施过程，强调的是维修人员对故障零部件进行的拆卸、更换/修复、装配等具体操作动作及过程。对于维修任务过程模型来讲，维修操作过程是其最底层的驱动事件。在对其进行知识描述和行为表达时，会用到与维修任务过程描述相同的术语，如维修工序、维修工步、维修操作等。这些术语在本质上没有区别，只是其侧重表达的内容不完全相同，即维修任务过程涉及的概念侧重于强调所需要完成的维修目标，而维修操作过程则侧重于具体的操作实施。

由于维修工步是维修操作的有序组合，维修工序又由维修工步的有序组合构成，维修任务又是由相应的维修工序组合而成。为此，通过对维修操作过程的行为描述，便可以实现对维修工步、维修工序，以及维修任务所对应的操作过程进行描述。下面针对大型复杂装备协同式维修操作的特点，基于维修任务过程模型的层次化结构和逻辑关系，对其CVMT中的维修操作过程建模进行分析，并根据维修操作过程中各类要素的相互关系和行为特性，研究协同式维修操作过程的建模和仿真。

4.2　CVMTS 维修操作过程建模分析

4.2.1　协同式维修操作过程特点

CVM 过程是由多个维修人员根据分配的维修子任务,使用维修工具、维修设备,以及所需的其他资源,通过相互之间的协同配合操作,使装备的结构和功能保持或恢复到规定的技术状态,从而共同完成某项维修任务。在协同式维修操作过程中,单个维修操作可以看做是某个零部件的拆卸/装配活动,维修操作过程则是由一个个离散的拆卸/装配活动组成。这些离散的拆卸/装配活动在某些时候是通过串行进行组合,而在另外一些时候是通过并行进行组合。与以往的协作活动相比,协同式维修操作过程中多个维修人员的协同配合关系没有固定的形式,具有更高的随机性、并发性,具有以下几个特点。

(1) 操作过程协同化

由于大型复杂装备的组成结构复杂、集成度高,某些零部件体积较大,质量较重,从而造成其维修操作较为复杂,需要采用多种手段来完成各种操作过程。在其维修操作过程中,某些环节由单个维修人员就能够完成,而另外一些环节则需要多个维修人员相互配合才能够共同完成。对于多个人员的维修操作,其相互之间是一种实时协作关系,需要相互之间的协同操作与协同感知。

(2) 操作模式多样化

在协同式维修操作实施过程中,某些维修操作必须按照特定的先后顺序才能够顺利进行,而另外一些维修操作则可以同时并行实施。对于有多个维修人员协作的操作过程,某些零部件需要多个维修人员按照一先一后的顺序进行协同操作,而另外一些则需要多个维修人员并行协同操作,或者是一起共同操作。

(3) 维修资源共享化

为了协同完成某项维修任务，多个维修人员需要有相应的维修资源作为支持。然而，某些维修资源具有空间或者时间上的独一性，多个维修人员需要共同使用这些维修资源。为了避免可能出现的冲突，进而对维修资源进行共享，保证能够满足各个维修人员的维修操作需求。

(4) 操作过程的不确定性

在协同式维修过程中，多个维修人员之间的协作关系是随着维修对象的改变在不停地变化的，时而是一个个离散的拆装活动的并行组合，时而是一个个离散的拆装活动的串行组合，使其在逻辑结构上具有不确定性。同一维修操作过程所需要的时间会随着实际操作情况而变化，不具有相同的时间标准要求，使其在维修时间上具有不确定性。同时，对于可能存在的操作错误或没有达到维修目标的维修过程，还需要进行相应的返工操作，使其在具体维修操作上具有不确定性。

4.2.2 CVM 操作过程模式分析

通过对协同式维修操作过程及其特点的研究与分析，可知 CVM 操作过程模式主要取决于实际维修过程中多个维修人员之间的协作关系和配合操作。针对不同维修任务过程的结构形式和内部逻辑关系，需要根据各维修人员所承担的维修任务，对其协同操作模式进行归类和分析。正如前面所述，多个维修人员的维修任务规划和分配，虽然是在维修工序层面就已经开始进行的，但仍然是由各维修人员所承担的具体维修操作决定。为此，CVM 操作过程模式是由多个维修人员在不同维修工步中的协同操作模式所决定的，主要包括以下几种类型。

(1) 串行协同维修操作过程

在该类维修操作过程中，多个维修人员按照既定的操作顺序对某些零部件进行协同拆卸或装配，通过相互之间的协作配合来共同完成某个维修子任务。串行协同维修操作过程强调的是维修操作顺序的不可逆性,即对应零部件的拆卸或装配操作顺序是不能够改变的。其维修操作对象通常是具有不同拆装顺序的零部件。由于具有严格的操作顺序,多个维修人员共用的维修资源,能够利用时间上的先后顺序进行分配。

(2) 并行协同维修操作过程

在该类维修操作过程中,多个维修人员并发地对某些零部件进行协同拆卸或装配,通过相互之间的协作配合来共同完成某个维修子任务。并行协同维修操作过程强调的是维修操作的互不干涉性,即对应零部件的拆卸或装配操作可以同时进行。其维修操作对象可以是同一个零部件,也可以是不同的零部件。对于多个维修人员共用的维修资源,需要通过合理的共享方式进行分配。

(3) 串-并混合协同维修操作过程

在该类维修操作过程中,多个维修人员不但需要按照既定的顺序对某些零部件进行协同拆卸或装配,而且还要并发地对另外一些零部件进行协同拆卸或装配,通过相互之间的协作配合来共同完成某个维修子任务。串-并混合协同维修操作过程是以上两种过程的有机组合,大多数的维修操作通常是该种类型的协同过程。

通过对以上几种协同式维修操作过程,以及与其相关的维修人员、维修对象、维修资源等方面的论述,分析了几种常见的协同操作模式,为 CVM 操作过程建模提供参考和依据。

4.3　基于时间 CPN 的 CVM 操作过程描述

在对协同式维修操作过程进行描述时,不但需要考虑维修资源、维修对象,以及多个维修人员的状态,而且还要实现与维修任务过程模型的紧密结合。这是因为不同维修人员承担的维修任务是由维修任务过程模型规划和分配的,而且在基于 HCPN 的维修任务过程模型中,维修操作过程可以看做是维修工步子页中的一种变迁元素，如图 3.12 所示的虚线部分。CVM 操作过程模型通过对不同维修工步中维修操作任务信息的接收和处理，从而指导相应的维修人员进行具体的维修操作，其处理结果又被发送回其父级维修工步子页模型，作为相应的变迁条件，直接决定了维修工步过程的状态演化，从而实现了整个维修任务过程 HCPN 模型的行为描述。以下分别从 CVM 操作过程中涉及的维修对象、维修人员、维修资源等要素，对 CVM 操作过程的行为描述进行研究和分析。

4.3.1 维修对象

维修对象包括需要被修复或者更换的故障零部件，以及在对其更换过程中所需要拆卸和装配的零部件。由于装备中的零部件通常都是以装配体的形式存在，其组成结构和维修特征直接决定了维修任务过程和维修操作过程的实施。然而，维修对象隐含于整个维修操作过程，是通过维修任务过程 HCPN 模型中维修工步层模型的库所来描述的，即不同的维修操作任务反映了其对应的维修操作对象信息。而所有的其他相关要素都是为其服务的，通过对维修操作过程中维修人员和维修资源等要素，以及相关信息的描述，便可以反映出对当前维修对象的行为过程。

4.3.2 维修人员

维修人员作为维修任务的承担者和维修操作的执行者，是 CVM 中维修任务过程模型和操作过程模型中各环节的先决条件。维修人员要执行的维修操作是由维修任务过程模型所分配好的，在 CVM 操作过程模型中需要考虑的是对所承担维修操作任务的执行过程，即对应于维修工步层任务模型中的维修操作序列。

维修人员的状态主要有空闲和忙碌两种状态。空闲状态表示实际工作中维修人员已经就位进入待工状态，等待维修任务的操作执行。忙碌状态表示维修人员正在进行某个维修操作，不能再同时执行其他任何维修操作。这说明维修人员在 CVM 的维修任务过程模型和操作过程模型中具有独占性。

如图 4.1 所示为某个维修操作过程中维修人员的状态描述。在图 4.1(a)中，使用两个表示状态的库所来描述维修人员 H_i 的空闲和忙碌状态，从而通过判断两个库所中是否存在对应的令牌来判定维修人员 H_i 能否进行相应的任务分配和维修操作执行。对于需要连续执行多个维修操作的某个维修人员而言，由于该维修人员被占用其状态由空闲变为忙碌。当完成当前维修操作任务 O_i 的维修操作 t_i 后，由于其状态为忙碌，此时维修操作任务 O_{i+1} 不能再次“占有”该维修人员，需要先进行“释放”使其由忙碌变为空闲，才能进行相应的维修操作 t_{i+1}。由此可见，在该 CVM 操作过程模型中，维修人员的状态同时也影响到维修任务的分配和执行进程，从而真实地描述实际维修过程中维修任务分配及其操作执行的行为过程。

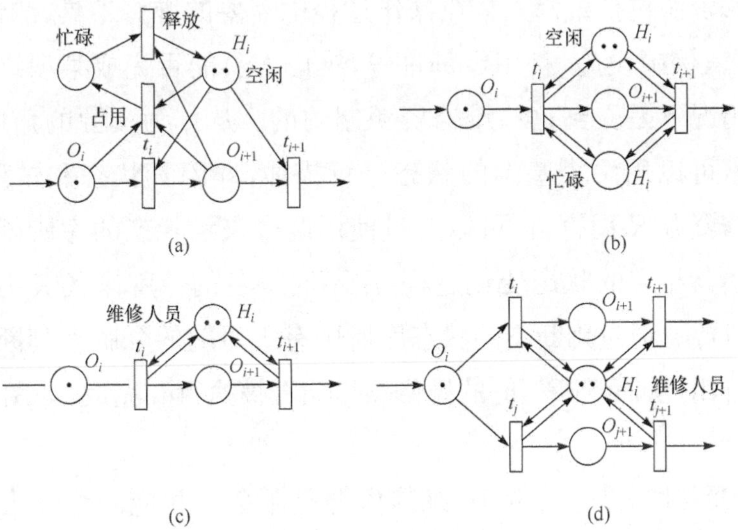

图 4.1　CVM 操作过程中维修人员状态描述

采用如图 4.1(a)所示的描述方式,用于表示维修人员状态库所中的多个令牌代表不同的维修人员(只需一个维修人员的维修操作则只有一个令牌),用不同的颜色令牌来描述。同时,将承担维修工步中操作任务序列 $O_i, O_{i+1}, \cdots$ 的维修人员 H_i 的状态变换过程,通过占用和释放两种变迁进行描述。考虑到对维修人员的“占用”和“释放”是由所需执行的维修操作 $t_i, t_{i+1}, \cdots$ 引起的,即当需要执行某个维修操作时,所需的维修人员状态由空闲变为忙碌,而当执行完该维修操作时,对应的维修人员状态又由忙碌变为空闲。为此,可以通过图 4.1(b)中的方法建立相应的描述模型。由于对应于不同维修任务层中的维修人员是相对固定的,也可以通过建立全局或是局部的“维修人员”库所,通过不同颜色的令牌来表示不同的维修人员,而相应令牌的存在与否则描述了对应的维修人员的状态,如图 4.1(c)所示。对于并行维修操作则可以通过图 4.1(d)中的方法建立相应的过程模型。

4.3.3 维修资源

维修资源包括维修人员在操作过程中需要的维修工具、测试设备、维修设备、保障设施、备用零部件等,维修人员能否完成某项维修操作在多数情况下是受到这些维修资源制约的。从作为资源的角度来看,这些元素可以用两个基本的状态进行描述,即闲置状态和忙碌状态。对于维修资源 R_i 而言,也可以通过使用两个表示状态的库所闲置和忙碌来描述其相应的状态变化过程,用不同颜色的令牌来代表不同类型的维修资源。通过判断不同状态库所中有无对应的令牌来判断维修资源是否可用,从而判断相应的维修操作能否被执行和完成,如图 4.2(a)所示。

在实际维修操作过程中,维修资源是服务于相应的维修人员来完成其承担的维修操作任务,且某些维修资源只能被单个维修人员使用,具有独占性。为此,对应于图 4.2(a)所示的 CVM 操作过程模型,维修资源的状态不但受控于维修人员及其承担的维修操作任务，而且还影响到维修操作的执行进程，即是只有当某些维修资源是当前维修操作任务所需要的，同时维修资源处于“闲置”状态且承担当前任务的维修人员处于“空闲”状态，才能进入该维修操作任务的执行操作过程，从而真实地描述实际维修过程中维修任务及其操作执行与维修资源之间的行为过程。

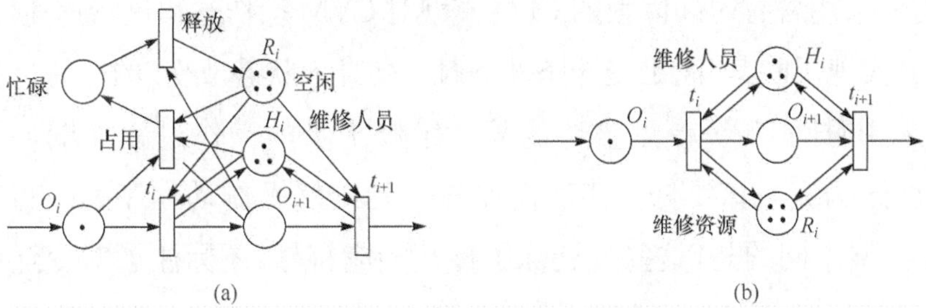

图 4.2　CVM 操作过程中维修资源状态描述

由于对维修资源的占用和释放也是由所需执行的维修操作 t_i，t_{i+1}，…引起的，而且通常情况下的维修资源为共享资源，为此可以通过建立全局的“维修资源”库所的方法来描述其状态变化过程，如图 4.2(b)所示。库所中不同颜色的令牌表示不同的维修资源，只有含有相应的令牌才能表明对应的维修资源可用。一般说来，采用如图 4.2(b)所示的方法建立的模型要简单一些，但在刻画行为的细节程度上不如图 4.2(a)中的方法。在解决实际应用时，可以根据具体的研究问题需要选择有效的描述方法。

4.3.4　CVM 操作过程

基于 CPN 对 CVM 操作过程进行描述时，各维修操作是由“变迁”来描述的，变迁对应的可触发条件反映的是不同维修操作的任务内容，以及其执行时所需的前提条件。这些前提条件通过相应的库所来描述，主要有维修操作任务、维修人员和维修资源等。变迁对这些库所的具体需求信息，一般通过指向变迁的弧进行标明。只有当库所中存在所需求的令牌时，变迁才能处于可触发状态，这意味着当前维修操作所需要的保障资源得到满足，能够进入执行阶段。

基于 CMTPS_HCPN 的协同式维修任务过程模型，其变迁表达的只是“瞬变”处理内容，而 CVM 操作过程模型中的变迁对应的是具体的维修操作动作，对于不同的维修操作需要相应的维修时间来保证。为此，需要采用含有时间因素的 CPN 模型对 CVM 操作过程进行描述，从而较为真实地反映其“满足变迁条件→触发变迁→状态改变”的行为过程。

采用时间 CPN 模型描述的某个维修工步的操作过程如图 4.3 所示。变迁为完成该维修工步所需要进行的维修操作动作序列。与一般 CPN 模型不同的是，这些变迁除了标注相应符号，还标注了对变迁所赋予的时间区间值，进而反映了完成该变迁对应的维修操作动作所需的最短时间和最长时间。其状态演化过程将会更加符合实际的维修操作过程，即对于并行维修操作 t_2 和 t_3，其对应的时间区间为[20,30]和[25,40]，则 t_2 和 t_3 的先后完成顺序具有不确定性，但是只有两者都完成后才能进行 t_4 的执行。

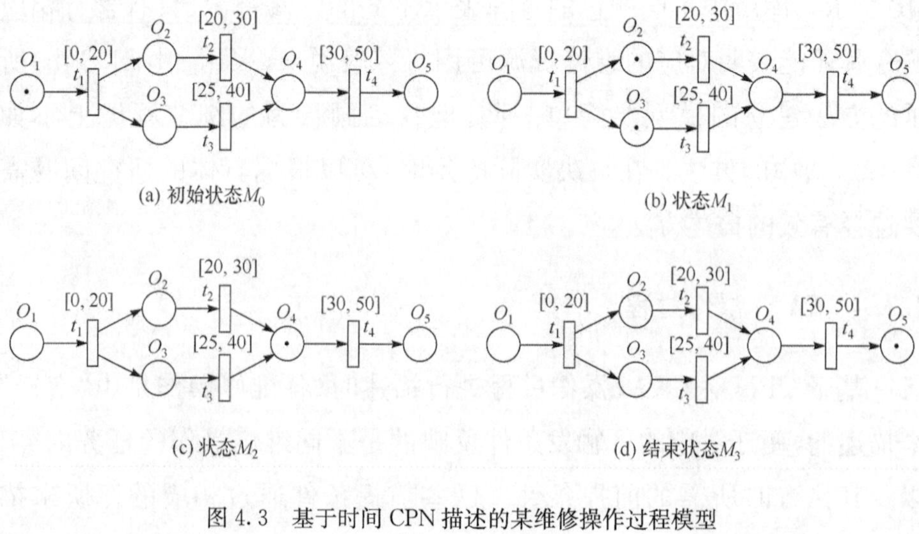

(a) 初始状态M_0　　(b) 状态M_1

(c) 状态M_2　　(d) 结束状态M_3

图 4.3　基于时间 CPN 描述的某维修操作过程模型

此外,CVM 操作过程中多个维修人员的协同操作具有一定的不确定性和更高的并发性,但是维修人员和维修资源具有一定的独占性,可能引起各类资源的竞争冲突。对于维修人员的独占性问题,协同式维修任务过程模型是通过层次化的逻辑结构来解决的,即只有完成当前维修操作任务时,才能进入下一个维修操作任务的处理过程。当多个维修人员同时使用具有独占性的维修资源时,则需要采用相应的措施来避免可能引起的资源竞争冲突。

在如图 4.4 所示的维修操作过程中,当执行两个并行的维修操作 t_2 和 t_3 都需要资源库所 R 中的同一对象时,则 t_2 和 t_3 的执行将会产生竞争冲突,只有其中一个能够最终被触发。为了避免由资源竞争引起的并发冲突,可以通过建立相应的竞争策略来解决。

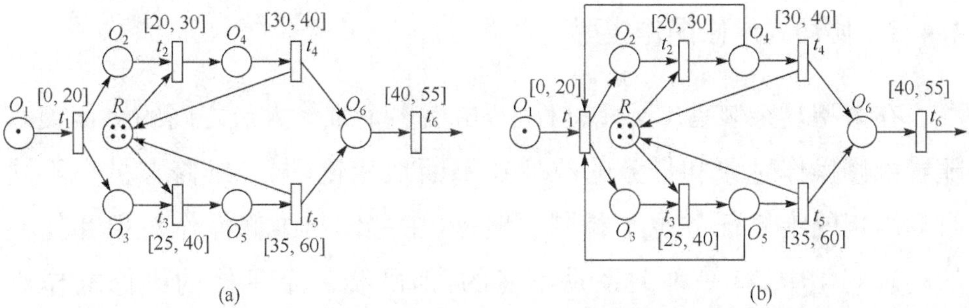

图 4.4　维修操作过程模型中的资源竞争并发冲突

① 基于优先级机制,确定变迁触发的优先次序。当有并发冲突发生时,具有高优先级的变迁可以被触发,而具有低优先级的变迁不被触发。

② 为变迁定义不同的触发条件谓词。当发生并发冲突时,满足触发条件谓词的变迁可以被触发,不满足触发条件谓词的变迁不被触发。

③ 基于变迁实施时间。当模型处于某一状态时,如果有几个同为可触发的时间变迁,并且每一个变迁都有可能被触发,而某个变迁的触发将使得其他冲突的变迁不可被触发,则此时具有最短实施时间的变

迁获得最大的触发可能性。

4.4 CVM 操作过程建模与仿真实现

为了实现对 CVM 操作过程的仿真控制和管理，在利用时间 CPN 模型对 CVM 维修操作过程进行行为描述的基础上，应充分考虑真实维修操作中的各类要素及其相互之间的协同关系，研究并建立 CVM 维修操作过程的仿真模型。由于维修操作过程是维修人员对装配体中多个零部件进行的拆卸/装配操作的有序组合，因此对 CVM 操作过程的建模需要从单个零部件的协同维修操作，以及装配体中多个零部件的拆卸/装配过程两个方面进行综合考虑和分析。

4.4.1 协同式维修操作模型

在大型复杂装备 CVM 过程中，虽然多个维修人员之间的协作关系随着维修操作对象和任务的改变在不断地变化，同一维修人员在不同时刻承担的维修任务也不相同。但是，在主体与维修操作对象和任务的动态变化中，有一种关系是不变的，即围绕一个具体的维修操作对象，其维修人员之间的协作关系是不变的[18,19]。同时，单个维修操作是针对装配体中的某一个零部件所进行的拆卸、更换或修复、装配等活动。基于此，CVM 过程中的维修操作模型可以描述为与故障零部件维修过程相关的各类元素的集合，即

$$\text{MOM\_CVM}=[\text{Obj},\text{Staff},\text{Ope},\text{Tool},\text{Spare},\text{Rule}] \tag{4.1}$$

其中，Obj 描述需要被拆卸、更换或修复、装配的维修操作对象，表示某个装配体中不同的零部件；Staff 描述对 Obj 进行相应操作时所需的维修人员，他们由维修操作对象 Obj 决定，并且具有独有的 ID 编号；Ope 描述维修人员对将要对 Obj 进行的具体操作内容及相应动作；Tool 表示维修操作中所需要的工具和设备信息；Spare 表示维修操作中所需要

的备件及其他资源信息；Rule 描述维修人员之间的协同配合关系，以及维修操作时所要遵循的维修操作规程和技术规范等信息。

如图 4.5 所示为协同式维修操作模型 MOM_CVM 中各元素间的相互关系示意图。Obj_i 是维修操作对象 i 的标识句柄，它在维修实体对象 3D 几何模型数据库，以及维修对象信息模型中是一个全局的、固定的 ID 变量。Obj_i 需要 k($k \geqslant 1$)个维修人员对其进行维修操作。Staff_k 代表了第 k 个维修人员，每个维修人员 Staff_k 都会与相应的 Ope_k、Tool_k、Spare_k 和 Rule_k 相关联，通过查询和调用这些元素信息，可以对 Staff_k 的维修操作，以及相互之间的协同配合进行管理和控制。

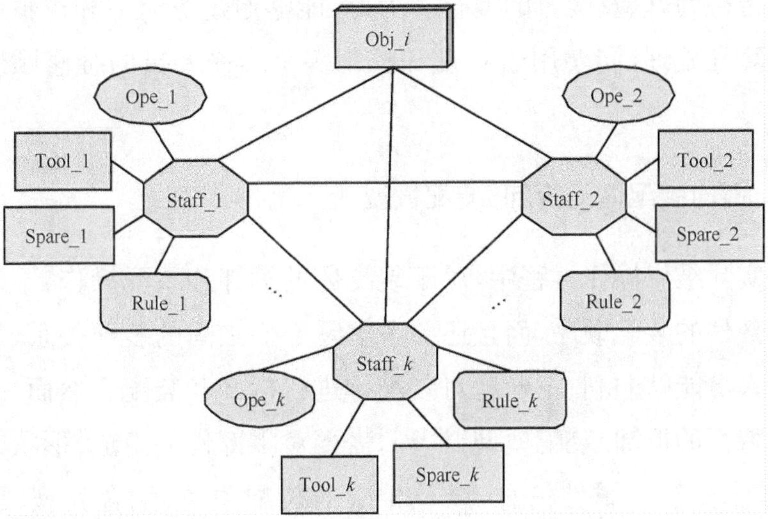

图 4.5　协同式维修操作模型中各元素间相互关系

当某个维修操作对象 Obj_i 需要由 k($k \geqslant 2$)个维修人员协同配合进行相应维修操作时，Obj_i 的协同式维修操作模型将会变为诸类元素信息的矩阵表达，即

$$\text{MOM\_CVM}=\begin{bmatrix} \text{Obj\_}i, & \text{Staff\_1}, & \text{Ope\_1}, & \text{Tool\_1}, & \text{Spare\_1}, & \text{Rule\_1} \\ \text{Obj\_}i, & \text{Staff\_2}, & \text{Ope\_2}, & \text{Tool\_2}, & \text{Spare\_2}, & \text{Rule\_2} \\ \vdots & \vdots & \vdots & \vdots & \vdots & \vdots \\ \text{Obj\_}i, & \text{Staff\_}k, & \text{Ope\_}k, & \text{Tool\_}k, & \text{Spare\_}k, & \text{Rule\_}k \end{bmatrix} \tag{4.2}$$

由于所需的维修人员会协同配合地对 Obj_i 进行相应的维修操作，Staff_1,Staff_2,…,Staff_k($k\geqslant 2$)在 MOM_CVM 中将会密切相关。它们之间的协同配合关系由 Obj_i 所需要的具体维修操作来确定，并在相应的 Rule_k 中进行描述。由于多个维修人员的协同模式具有并行协同和串行协同两种，因此他们之间的相互关系可以看作一系列的并行和串行行为，以及两者的混合。为此，能够通过逻辑与和逻辑或对其进行运算和处理，同时用于管理和控制多个维修人员的维修顺序和具体操作。

4.4.2 面向装配体的拆卸/装配模型

在实际维修操作过程中，对于装配体的拆卸和装配操作，不但要考虑各零部件的装配顺序，而且还要考虑零部件之间的装配关系，从而保证维修人员能够顺利、正确地对装配体进行拆卸和装配。然而，基于产品装配特征的拆卸/装配模型[145-147]，需要对零部件的组成、形状、公差、材料、技术要求等属性信息，以及相应的装配关系、配合类型、配合尺寸、配合公差等装配特征信息，进行全面的知识表达和行为描述。由于涉及的数据信息多而复杂，使得其数学模型的建立过程也较为复杂和困难，而且其数学模型计算处理的工作量大、运行效率低，不便于实际应用系统的开发和运行。

在实际的维修操作训练过程中，维修人员关注的是零部件的拆卸/装配序列、拆卸/装配方法，以及所需的维修工具和设备。对于零部件之间的装配关系、配合类型和配合公差等信息，由于在设计阶段已经被确定且固定不变，因此可以不予过多考虑。在大型复杂装备 CVMT 过程中，也正是通过维修人员对装配体拆卸/安装过程的模拟训练，从而获取相应的维修知识和操作技能。其侧重的是对维修操作步骤及其相应顺序方面知识的学习和掌握。对于需要通过精确数学模型表达的装配特征信息，则可以通过零部件的空间位置约束及其维修操作顺序，对装配体的装配关系和配合类型进行确定和控制。同时，配合零部件装配信息显示使维修人员获取如配合尺寸、配合公差等工艺方面的知识。

基于以上分析，充分考虑与其相关的各类元素并简化相应的信息描述，可以建立面向装配体的零部件拆卸/装配模型，即

$$\text{OADAM}=[\text{Asm},\text{Pos},\text{Ope},\text{Mov},\text{Tool}] \tag{4.3}$$

Asm 描述了装配体中所有零部件序列的信息，其元素可以是装配体的一个零件，也可以是一个子装配体。在 CVMT 过程中，对于不能够拆卸或者不需要拆卸的子装配体，可以看作为装配体的一个零件进行维修操作，而对于需要进一步拆卸的子装配体，则利用其自身的拆卸/装配模型作进一步的维修操作处理。

Pos 描述了装配体中所有零部件的装配位置信息。对于子装配体而言，Pos 描述的是其整体结构的装配位置信息，而其各组成零件的装配位置信息则在子装配体的拆卸/装配模型中进行描述。利用各个零件或子装配体的装配位置及其装配顺序信息，能够方便地确定并描述其在装配体中相互之间的装配类型和装配关系。

Ope 描述了维修人员在对装配体中各零部件进行拆卸和安装过程中，进行的具体操作内容及相应动作。

Mov 表示装配体中各零部件在拆卸和装配过程中的运动变量，从而能够实时描述拆卸和装配过程中，各零部件在不同时刻的空间位置及姿态。

Tool 表示装配体中所有零部件在拆卸和装配时，所需要的工具和设备信息。

利用 OADAM 并结合装配体中各零部件的装配顺序，便能够方便地实现对其拆卸和装配过程的信息描述。然而，OADAM 侧重的是对装配体中零部件拆卸和装配操作的具体描述，并未考虑该过程中各维修人员的任务分配，以及相互之间的协作关系。为了能够较好地满足大型复杂装备 CVMTS 的开发需求，需要将 MOM_CVM 和 OADAM 进行有机的结合，从而建立 CVM 操作过程模型对协同式维修操作过程进行仿真。

4.4.3 CVM 操作过程模型

通过式(4.1)～式(4.3)的描述可以看出，式(4.1)和式(4.2)中的元素 Obj 可以作为式(4.3)中 Asm 的一个元素，元素 Ope 和 Tool 具有相同的信息描述内容。通过将式(4.2)与式(4.3)进行信息整合和嵌套处理，便能够实现对装配体协同式拆卸/装配操作过程的行为描述和信息处理。同时，为了简化其描述形式，并实现对相关数据信息的运算和处理，可以建立 CVM 操作过程模型，即

$$\text{MOPM\_CVM}=[A,P,R,S,O,M,T,C] \tag{4.4}$$

其中

$A=[a_1,a_2,\cdots,a_i,\cdots,a_n]^{\mathrm{T}}$，是一个包含装配体中所有零部件信息的列向量，描述了装配体中的零部件序列；向量中的元素 $a_i(i=1,2,\cdots,n)$表示各零件或子装配体的唯一标识句柄，i 则对应于其在装配体中的拆卸序号，其对应的装配序号则为 $n-i+1$。

$P=[p_1,p_2,\cdots,p_i,\cdots,p_n]^{\mathrm{T}}$，是一个包含装配体中所有零部件装配位置及其姿态的空间坐标向量，$p_i=(x_i,y_i,z_i,r_i,p_i,h_i)$表示装配体中零件或子装配体 a_i 在世界坐标系或相对坐标系中的坐标位置，以及与各坐标轴之间的夹角，每个元素 p_i 都可以唯一确定 a_i 在空间中的装配位置和姿态。

$R=[r_1,r_2,\cdots,r_i,\cdots,r_n]^{\mathrm{T}}$，是在零部件拆卸/装配过程中所需要的

备件资源列向量，元素 $r_i(i=1,2,\cdots,n)$ 表示在维修操作过程中，零部件 $a_i(i=1,2,\cdots,n)$ 对其备件资源的需求信息，$r_i\in\{0,1\}(i=1,2,\cdots,n)$，当 $r_i=0$ 时，表示当前的零部件 a_i 处于正常状态，不需要进行更换操作；当 $r_i=1$ 时，表示当前的零部件 a_i 为故障零部件，需要进行更换或修复操作。

$S=[s_1,s_2,\cdots,s_i,\cdots,s_n]^{\mathrm{T}}$，是在装配体拆卸/装配过程中所需的维修人员列向量。对于零部件的拆卸/装配操作，通常需要多个维修人员的协同配合，则有 $s_i=[\mathrm{st}_{i1},\mathrm{st}_{i2},\cdots,\mathrm{st}_{ik}]^{\mathrm{T}}(i=1,2,\cdots,n;k\geqslant 1)$ 表示在对零部件 $a_i(i=1,2,\cdots,n)$ 拆卸/装配时，进行协同配合操作的 k 个维修人员向量，s_i 中的元素 st_{ik} 属于全体维修人员集合 $\mathrm{MS}=\{\mathrm{ms}_1,\mathrm{ms}_2,\cdots,\mathrm{ms}_j\}(j\geqslant 1)$，即 $\mathrm{st}_{ik}\in\mathrm{MS}$，且有 $k\leqslant j$。

$O=[o_1,o_2,\cdots,o_i,\cdots,o_n]^{\mathrm{T}}$，表示在装配体拆卸/装配过程中，对各个零部件进行的所有操作行为列向量。考虑到进行协同操作的多个维修人员，其相应的操作行为也不尽相同，则对于零部件 $a_i(i=1,2,\cdots,n)$ 的操作行为元素 o_i 有，$o_i=[\mathrm{op}_{i1},\mathrm{op}_{i2},\cdots,\mathrm{op}_{ik}]^{\mathrm{T}}(k\geqslant 1)$，表示在拆卸/装配零部件 $a_i(i=1,2,\cdots,n)$ 时进行协同配合操作的 k 个维修人员的操作行为列向量，而且 o_i 与 s_i 中的元素是一一对应和相互关联的。

虚拟维修人员向维修对象实体实施的抓住、释放、推、拉、压/按、举/抬、插入、抽出、连接、断开、销住、开闩、转动、打开、关闭、握住、搬运等操作行为[6,148]，最终能够使实体对象（零部件）产生平移运动（translation，Tl）、旋转运动（rotation，Rt）和螺旋式运动（spire，Sp）。为此，可以用操作中零部件的运动方式来反映维修人员的操作行为，即平移操作、旋转操作和螺旋式操作。令 $\mathrm{MA}=\{\mathrm{Tl},\mathrm{Rt},\mathrm{Sp}\}$，则有 $\mathrm{op}_{ik}\in\mathrm{MA}(i=1,2,\cdots,n;k\geqslant 1)$。

$M=[m_1,m_2,\cdots,\mathrm{mv}_i,\cdots,m_n]^{\mathrm{T}}$，是零部件在拆卸/装配过程中的运动变量列向量。对于同一个零部件 $a_i(i=1,2,\cdots,n)$，其所需的维修人员 $s_i=[\mathrm{st}_{i1},\mathrm{st}_{i2},\cdots,\mathrm{st}_{ik}]^{\mathrm{T}}(k\geqslant 1)$ 进行的相应维修操作 $o_i=[\mathrm{op}_{i1},$

$\mathrm{op}_{i2},\cdots,\mathrm{op}_{ik}]^{\mathrm{T}}(k\geqslant1)$可能是各不相同的，而且受到零部件之间连接和运动约束关系的制约。为此，各维修人员对不同零部件进行的维修操作，使其产生的运动变化也是各不相同的，即有 $m_i=[\mathrm{mv}_{i1},\mathrm{mv}_{i2},\cdots,\mathrm{mv}_{ik}]^{\mathrm{T}}(i=1,2,\cdots,n;k\geqslant1)$表示不同维修人员在对同一个零部件 $a_i(i=1,2,\cdots,n)$拆卸/装配时，使零部件产生的运动变化向量，而且 m_i 与 o_i 和 s_i 中的元素是一一对应和相互关联的。

由于零部件的运动方式 $\mathrm{MA}=\{\mathrm{Tl},\mathrm{Rt},\mathrm{Sp}\}$，则 mv_{ik} 具有对应的位移(d)、角度(θ)和角度螺距(θ,p) 3 种取值形式。令 $\mathrm{MF}=\{d,\theta,(\theta,p)\}$，有 $\mathrm{mv}_{ik}\in\mathrm{MF}$，且 M 是 n 个 MF 空间的笛卡儿积的子集，即

$$M\in\underbrace{\mathrm{MF}\times\mathrm{MF}\times\cdots\times\mathrm{MF}}_{n} \tag{4.5}$$

在螺旋式运动中，有

$$d=\frac{\theta}{2\pi}p \tag{4.6}$$

$T=[t_1,t_2,\cdots,t_i,\cdots,t_n]^{\mathrm{T}}$，是在零部件拆卸/装配过程中所需要的维修工具列向量。元素 $t_i=[\mathrm{mt}_{i1},\mathrm{mt}_{i2},\cdots,\mathrm{mt}_{ik}]^{\mathrm{T}}(i=1,2,\cdots,n;k\geqslant1)$表示在对同一个零部件 $a_i(i=1,2,\cdots,n)$进行拆卸/装配时，不同维修人员进行相应操作所需要的维修工具向量。$\mathrm{mt}_{ik}\in\mathrm{TOOLS}(i=1,2,\cdots,n;k\geqslant1)$，TOOLS 为维修工具和设备集合。表 4.1 描述了常用的维修操作工具和设备类型及其代码。

表 4.1 常用维修操作工具和设备

代码	工具类型	代码	工具类型	代码	工具类型
1	徒手(或戴手套)	9	尖头锤	17	刀
2	一字槽螺丝刀	10	固定扳手	18	烙铁
3	十字槽螺丝刀	11	力矩扳手	19	计量器、检测仪
4	电动螺丝刀	12	套筒扳手	20	吊车
5	尖嘴钳	13	棘轮扳手	21	清洁工具
6	扁嘴钳	14	梅花扳手	22	照明设备
7	剪钳	15	其他扳手	23	专用工具
8	肩头锤	16	钻孔机	24	其他工具

$C=[c_1,c_2,\cdots,c_i,\cdots,c_n]^{\mathrm{T}}$，是在零部件拆卸/装配过程中所要遵守的操作规则列向量。元素 $c_i=[\mathrm{mc}_{i1},\mathrm{mc}_{i2},\cdots,\mathrm{mc}_{ik}]^{\mathrm{T}}(i=1,2,\cdots,n;k\geqslant 1)$表示在对同一个零部件 $a_i(i=1,2,\cdots,n)$进行拆卸/装配时，不同维修人员进行相应操作所要遵守操作规则列向量。mc_{ik} 属于一个维修操作规程、拆卸/装配约束关系[86]和协同操作关系的信息集合 RULES，即 $\mathrm{mc}_{ik}\in \mathrm{RULES}(i=1,2,\cdots,n;k\geqslant 1)$。

对于维修工步中的单个维修操作而言，是针对某一个或是某一些零部件进行的，当完成零部件这些操作时，便意味着完成了维修工步中的某个维修操作。为此，基于面向装配体的 MOPM_CVM 对维修操作过程进行描述，在操作内容及相互之间的关系上是完全一致的。

4.4.4　CVM 拆卸操作过程仿真算法实现

通过式(4.4)的描述可知，在 CVM 操作过程模型 MOPM_CVM 中，每一行元素描述了对装配体中某个零件或子装配体进行协同式拆卸和装配时的各类相关要素。例如，第 i 行元素向量为

$$\mathrm{PM}_i=[a_i,(10,-30,100,30,60,45),0,\mathrm{ms}_2,\mathrm{Sp},(4\pi,2.0),10\mathrm{M}16,\mathrm{mc}_{i1}] \tag{4.7}$$

式(4.7)表示对装配体进行的第 $i(i=1,2,\cdots,n)$个维修操作：需要拆卸或装配的零部件为 a_i；其装配位置为(10，－30，100，30，60，45)；零部件 a_i 无故障，不需要对其进行更换；需要 1 个维修人员 ms_2 进行操作实施；其操作行为是螺旋式旋出操作；使零部件为 a_i 旋转了 720°(4π)，并沿其中心轴方向平移了 4.0mm；使用的维修工具为 M16 的固定扳手；维修时需要遵守的操作规则为 c_{i1}。

当零部件 a_i 需要由 $k(k\geqslant 2)$个维修人员进行协同操作时，需要将第 i 行元素 PM_i 扩展为 $k\times 8$ 的矩阵形式进行描述，对于式(4.7)，其相应的矩阵形式为

$$\mathrm{PM}_i=\begin{bmatrix} a_i,(10,-30,100,30,60,45),0,\mathrm{ms}_1,\mathrm{Sp},(4\pi,2.0),10\mathrm{M}16,\mathrm{mc}_{i1} \\ a_i,(10,-30,100,30,60,45),0,\mathrm{ms}_2,\mathrm{Tl},\ 10,\ 1,\ \mathrm{mc}_{i2} \\ \vdots \quad \vdots \quad \vdots \quad \vdots \quad \vdots \quad \vdots \quad \vdots \quad \vdots \\ a_i,(10,-30,100,30,60,45),0,\mathrm{ms}_k,\mathrm{Rt},\ 2\pi,\ 10\mathrm{M}16,\ \mathrm{mc}_{ik} \end{bmatrix} \tag{4.8}$$

从式(4.8)中的元素描述可以看出，对于需要多个维修人员协同配合维修的零部件 a_i，其装配位置和备件更换信息是不变的。对应于不同的维修人员，其对 a_i 进行的操作行为是不同的，从而使得 a_i 产生相应的不同运动，并且维修人员所需的维修工具及所要遵守的维修规则也不尽相同。若用 $K_i(i=1,2,\cdots,n)$ 表示零部件 a_i 拆卸装配时所需的维修人员个数，有 $1\leqslant K_i\leqslant j$，则基于 MOPM_CVM 和式(4.8)建立的协同式拆卸操作过程矩阵可以表示为

$$\mathrm{CDM}=\begin{bmatrix} \mathrm{PM}_{K_1}^1 \\ \mathrm{PM}_{K_2}^2 \\ \vdots \\ \mathrm{PM}_{K_i}^i \\ \vdots \\ \mathrm{PM}_{K_n}^n \end{bmatrix} \tag{4.9}$$

其中，$\mathrm{PM}_{K_i}^i(i=1,2,\cdots,n)$ 表示零部件 a_i 对应的拆卸操作矩阵块；K_i 表示矩阵 $\mathrm{PM}_{K_i}^i$ 的行数，且有

$$\mathrm{PM}_{K_i}^i=\begin{bmatrix} a_i & p_i & r_i & \mathrm{st}_{i1} & \mathrm{op}_{i1} & \mathrm{mv}_{i1} & \mathrm{mt}_{i1} & \mathrm{mc}_{i1} \\ \vdots & \vdots & \vdots & \vdots & \vdots & \vdots & \vdots & \vdots \\ a_i & p_i & r_i & \mathrm{st}_{iK_i} & \mathrm{op}_{iK_i} & \mathrm{mv}_{iK_i} & \mathrm{mt}_{iK_i} & \mathrm{mc}_{iK_i} \end{bmatrix} \tag{4.10}$$

由式(4.9)和式(4.10)可知,矩阵 CDM 的行数 $N=\sum_{i=1}^{n}K_i$,代表对装配体进行拆装操作时所需要的维修操作行为次数。CDM 是一个矩阵组,随着拆卸过程的进展,其行数和列数将会随之减少。为了描述装配体的拆卸和装配过程并对其进行仿真运算,首先定义装配体拆卸运算矩阵,即

$$\text{DOM}=\left[0_{(N-E_i)\times K_i}\ I_{(N-E_i)\times(N-E_i)}\right],\quad E_i=\sum_{m=1}^{i}K_m;i=1,2,\cdots,n-1 \tag{4.11}$$

式(4.11)为对零部件总数为 n 的装配体中第 i 个零部件进行拆卸操作时的运算矩阵。当 $i=1$ 时,表示对装配体中第 1 个零部件进行拆卸操作;当 $i=n-1$ 时,表示拆卸装配体中倒数第 2 个零部件。

在实际情况中,对于装配体中第 n 个零部件则不需要进行拆卸,当 $i=n-1$ 时表示已经完成拆卸过程。E_i 表示对前 i 个零部件对应的矩阵 $\text{PM}_{K_i}^{i}$ 的行数进行求和。

建立协同式拆卸操作过程矩阵 CDM 和装配体拆卸运算矩阵 DOM 后,装配体的协同式拆卸过程算法就可以通过以下形式得以实现。

令矩阵 SDM 为装配体协同式拆卸操作过程的余矩阵,即

$$\text{SDM}=\begin{cases}\begin{bmatrix}\text{PM}_{K_1}^{1}\\ \vdots\\ \text{PM}_{K_n}^{n}\end{bmatrix}, & i=0\\[2ex] \begin{bmatrix}\text{PM}_{K_{i+1}}^{i+1}\\ \vdots\\ \text{PM}_{K_n}^{n}\end{bmatrix}, & i=1,2,\cdots,n-1\\ \quad\vdots & \\ \varnothing, & i=n\end{cases} \tag{4.12}$$

则有

$$\mathrm{SDM}_i = \mathrm{SDM}_i \times \mathrm{SDM}_{i-1}$$

$$= \begin{bmatrix} 0_{(N-E_i)\times K_i} & I_{(N-E_i)\times(N-E_i)} \end{bmatrix} \times \begin{bmatrix} \mathrm{PM}^i_{K_i} \\ \vdots \\ \mathrm{PM}^n_{K_n} \end{bmatrix}, \quad i=1,2,\cdots,n-1$$

$$= \begin{bmatrix} \mathrm{PM}^{i+1}_{K_{i+1}} \\ \vdots \\ \mathrm{PM}^n_{K_n} \end{bmatrix} \tag{4.13}$$

由式(4.13)可见,当多个维修人员协同完成对装配体中第 i 个零部件的拆卸操作后,使得第$(i+1)$个零部件的拆卸矩阵成为余矩阵 SDM 的第一行元素,从而使维修人员在完成当前零部件的拆卸后,即可获得下一个零部件的拆卸信息。

4.4.5 CVM 装配操作过程仿真算法实现

由于装配操作可以看作为拆卸操作的逆过程,即装配操作过程可以看做是将零部件组装成装配体的过程,随着操作的进行,剩余等待装配的零部件也随之减少。两者在过程表达上具有相同的描述方式,因此可以借用拆卸过程的建模思路对其装配操作过程进行建模分析。然而,对于装配操作过程而言,首先要进行装配的是最后拆卸的零部件,最后进行装配的是第一个拆卸的零部件。为此,通过对式(4.9)中各行的矩阵元素进行换行运算,便可以得到协同式装配操作过程矩阵。

令矩阵 CR 为协同式拆卸操作过程矩阵 CDM 的行元素交换矩阵,即

$$\mathrm{CR}=\begin{bmatrix} 0 & 0 & \cdots & 0 & 1 \\ 0 & 0 & \cdots & 1 & 0 \\ \vdots & \vdots & & \vdots & \vdots \\ 0 & 1 & \cdots & 0 & 0 \\ 1 & 0 & \cdots & 0 & 0 \end{bmatrix} \tag{4.14}$$

其中，CR 为 $N\times N\left(N=\sum_{i=1}^{n}K_i\right)$ 的反对角矩阵，K_i 是对应于式(4.10)中零部件 a_i 拆卸操作时所需的维修人员数。

对于同一个零部件 a_i 来讲，其装配操作与拆卸操作所需的维修人员个数是相同的，但其在装配中的装配序号与拆卸序号却不一定相同。然而，两者之间存在对应关系，即对于装配序号为 i 的零部件，其在拆卸过程中的序号为 $n+1-i$。

若用 G_i 表示对装配序号为 i 的零部件进行装配时所需的维修人员个数，则有 $G_i=K_{n+1-i}$。装配体的协同式装配操作过程矩阵为

$$\begin{aligned}\mathrm{CAM}=\mathrm{CR}\times\mathrm{CDM}&=\begin{bmatrix} 0 & 0 & \cdots & 0 & 1 \\ 0 & 0 & \cdots & 1 & 0 \\ \vdots & \vdots & & \vdots & \vdots \\ 0 & 1 & \cdots & 0 & 0 \\ 1 & 0 & \cdots & 0 & 0 \end{bmatrix}\times\begin{bmatrix} \mathrm{PM}_{K_1}^{1} \\ \mathrm{PM}_{K_2}^{2} \\ \vdots \\ \mathrm{PM}_{K_i}^{i} \\ \vdots \\ \mathrm{PM}_{K_n}^{n} \end{bmatrix}=\begin{bmatrix} \mathrm{AM}_{K_n}^{1} \\ \mathrm{AM}_{K_{n-1}}^{2} \\ \vdots \\ \mathrm{AM}_{K_{n+1-i}}^{i} \\ \vdots \\ \mathrm{AM}_{K_1}^{n} \end{bmatrix}\\ &=\begin{bmatrix} \mathrm{AM}_{G_1}^{1} \\ \mathrm{AM}_{G_2}^{2} \\ \vdots \\ \mathrm{AM}_{G_i}^{i} \\ \vdots \\ \mathrm{AM}_{G_n}^{n} \end{bmatrix}\end{aligned} \tag{4.15}$$

其中，$AM_{G_i}^i$（$i=1,2,\cdots,n$）表示装配序号为 i 的零部件 b_i 对应的装配操作矩阵块；$AM_{G_i}^i$ 与拆卸操作矩阵块 $PM_{K_{n+1-i}}^{n+1-i}$ 相对应，两者所包含的行元素相同，但是相同行元素在矩阵块中所对应的行位置却不相同。

由于两者所描述的拆卸和装配信息是一致的，对多个维修人员的操作描述是可以互换的。为此，可以用 CDM 中的元素对 CAM 进行描述，即

$$\mathrm{CAM}=\begin{bmatrix} AM_{G_1}^1 \\ AM_{G_2}^2 \\ \vdots \\ AM_{G_i}^i \\ \vdots \\ AM_{G_n}^n \end{bmatrix}=\begin{bmatrix} PM_{K_n}^n \\ PM_{K_{n-1}}^{n-1} \\ \vdots \\ PM_{K_{n+1-i}}^{n+1-i} \\ \vdots \\ PM_{K_1}^1 \end{bmatrix} \tag{4.16}$$

从式(4.16)的描述可以看出，装配体拆卸运算矩阵 DOM 仍然可以用于对其装配操作过程的运算，但需要对其行元素进行调整，使其与 CAM 相匹配。定义装配体装配运算矩阵为

$$\mathrm{AOM}=\left[0_{(N-E_i)\times K_{n-i}}\ I_{(N-E_i)\times(N-E_i)}\right],\quad E_i=\sum_{m=1}^{i}K_{n-m};i=1,2,\cdots,n-1 \tag{4.17}$$

式(4.17)为对零部件总数为 n 的装配体中装配顺序为 i 的零部件进行装配操作时的运算矩阵。当 $i=1$ 时，表示对装配体中第 $n-1$ 个零部件进行装配操作；当 $i=n-1$ 时，表示装配第 1 个零部件。

由于在装配体拆卸过程中，最后一个零部件不再进行拆卸，为此装配过程相应地是从倒数第 2 个零部件开始，直至装配完第 1 个零部件。

令矩阵 SAM 为装配体协同式装配操作过程的余矩阵，即

$$\mathrm{SAM}=\begin{cases}\begin{bmatrix}\mathrm{PM}_{K_n}^{n}\\ \vdots\\ \mathrm{PM}_{K_1}^{1}\end{bmatrix}, & i=0\\ \begin{bmatrix}\mathrm{PM}_{K_{n-i}}^{n-i}\\ \vdots\\ \mathrm{PM}_{K_1}^{1}\end{bmatrix}, & i=1,2,\cdots,n-1\\ \vdots & \\ \varnothing, & i=n\end{cases} \tag{4.18}$$

则有

$$\mathrm{SAM}_i=\mathrm{AOM}_i\times\mathrm{SAM}_{i-1}$$

$$=\begin{bmatrix}0_{(N-E_i)\times K_{n-i}} & I_{(N-E_i)\times(N-E_i)}\end{bmatrix}\times\begin{bmatrix}\mathrm{PM}_{K_{n+1-i}}^{n+1-i}\\ \vdots\\ \mathrm{PM}_{K_1}^{1}\end{bmatrix}=\begin{bmatrix}\mathrm{PM}_{K_{n-i}}^{n-i}\\ \vdots\\ \mathrm{PM}_{K_1}^{1}\end{bmatrix},\quad i=1,2,\cdots,n-1 \tag{4.19}$$

由式(4.19)可见，当多个维修人员协同完成对装配体中第$(n-i)$个零部件的装配操作后，使得第$(n+1-i)$个零部件的装配矩阵成为余矩阵 SAM 的第一行元素，从而使得维修人员在完成当前零部件的装配后，即可获得下一个零部件的装配信息。

4.5 小　　结

CVM 操作过程模型 MOPM_CVM 从装配体和零部件层面对维修操作过程中各类要素的行为特性进行描述，为 CVM 操作过程仿真提供了所需的数据信息和控制模型。对于在数据库中以数组阵列形式存储的零部件维修操作信息而言，基于 MOPM_CVM 的装配体拆卸和装配过程仿真算法，为其提供了一种高效、便捷的数据处理方法，从而保证了 CVM 仿真过程中数据信息处理的可靠性和时效性。CVM 操作过程模型规范了虚拟维修人员与维修对象及各种资源之间的相互关系和信息处理方式，在此基础上需要实现虚拟人体的运动仿真和交互控制，从而真实地再现维修训练人员的操作行为过程，使维修训练人员通过实时感知自身的操作结果，进而获取真实的维修操作技能。第 5 章将对该部分内容进行探讨和研究。

第 5 章　虚拟人体运动仿真及其协同式交互控制

5.1　引　　言

VM 中虚拟人体运动仿真研究的是维修人员在维修操作过程中的行为特征及其在 VME 中的真实再现。虚拟维修人员运动仿真包括其在 VME 中的空间位置移动、身体姿态变换，以及相应的维修操作动作，其不但要能够真实地刻画现实中维修训练人员的操作动作输入，而且要具有较好的逼真度和实时性效果，确保虚拟人体运动仿真具有较高的准确性和平滑度。大型复杂装备 CVMT 中所要研究和解决的是多个虚拟维修人员的运动仿真及其协同交互控制问题。由于各虚拟维修人员的运动仿真具有相似性和相对独立性，为此可以通过复制虚拟人体及其运动驱动模型，而后通过对多个虚拟维修人员的相对独立控制，实现各自的空间运动和维修操作仿真。最后建立相应的协同交互机制，对多个虚拟维修人员之间的运动仿真和协同维修操作进行交互控制。

5.2　CVMTS 中的虚拟人体建模技术

在大型复杂装备 CVMT 过程中，虚拟维修人员在 CVME 中的运动仿真主要由维修操作动作和虚拟人体在空间位置及姿态变化两部分组成。维修操作动作主要集中于两臂和手部，如用手拾取工具，然后使用工具对装备零部件进行拆卸和装配，以及对零部件的抓取、搬运、放置等，两臂和手部的动作需要真实而且精细地刻画实际的维修操作动作。对于虚拟人体在空间中的位置及姿态变化，则在精细度上没有过高的要求，只要能够反映维修人员在真实环境中的基本姿态即可。为此，在对 CVMTS 中的虚拟人体进行建模时，针对具体的需求对复杂的人体结构进行简化设计，对不同的部位采用不同的精细度进行建模。

5.2.1 虚拟人体骨架模型

人体骨骼是人体运动系统的重要组成部分，为人体运动提供必要的支撑。成人的骨架由 206 块骨骼组成，主要分为颅骨、躯干骨和四肢骨几类。骨骼之间一般用关节和韧带连接起来，如图 5.1 所示。由于 CVM 涉及的虚拟人体操作动作主要集中于手部和手臂，而对于站立、行走、转身、蹲下、起立等体姿态及运动，精度要求相对较低。为此，可以将不必考虑的关节运动忽略，根据维修操作动作仿真的具体需求，对虚拟人体的骨架模型进行简化。

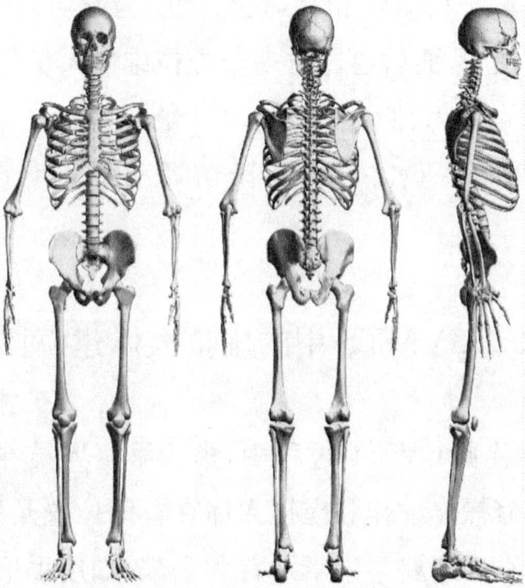

图 5.1 成人骨架组成结构

虚拟人体骨架简化模型如 5.2 所示，采用关节链结构描述，主要由骨骼和连接骨骼的关节组成[97]。用 J 表示关节的集合，$|J|$ 表示关节的个数。图 5.2 所示的人体骨架模型，$|J|=24$。虚拟人体运动可以看作为关节链结构的运动，每一个关节两侧相邻部位的骨骼可以看作为链杆，抽象为一条线段。一般在计算机运动仿真中，关节链的关节限定为旋转关节，即相邻骨骼在其连接关节处只能作相对旋转运动，不能做平移等运动[149]。

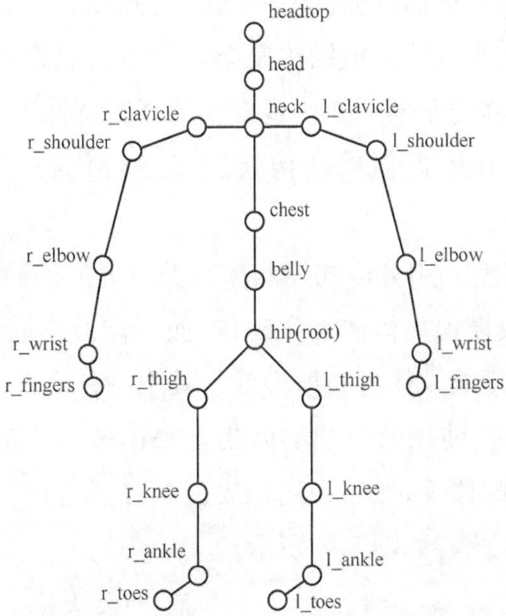

图 5.2　虚拟人体骨架结构简化模型

从虚拟人体骨架模型可以看出各关节的旋转运动自由度不尽相同，可以将其划分为四种不同类型[150]。

① 固定的(fixed)，即不可以旋转的关节，可以用来反映整个骨架模型在空间的位移，如胸腔和臀部。

② 铰链状的(hinge)，此类关节连接了两个部位，有一个旋转自由度，如肘部和膝部。

③ 球状的(ball),此类关节点有三个旋转自由度,如肩部。

④ 一般的(general),此关节点有两个旋转自由度,如脚踝。

根据该分类在进行虚拟人体运动仿真时,能够根据自由度的限制情况,减少算法的复杂性,提高虚拟人体运动控制的准确性和实时性。

5.2.2 虚拟人体皮肤建模技术

为了建立较为逼真的虚拟维修人员模型,在建立虚拟人体的骨架结构后,还需要对人体的皮肤和衣物等进行建模,从而建立其完整的人体模型。然而,由于人体组成结构复杂,至今还没有一个生物力学或者图形学的模型能够完全逼近并仿真皮肤的真实特性[99]。目前常用的方法是采用与人体外形近似的结构模型来进行代替,主要有以下四种模型。

① 棒状体模型。用分段的棒状体和关节组成的简单连接体来表示人体几何模型,只模拟人体的大致动作,而不涉及皮肤的表示和变形计算。图 5.2 中所示的人体骨架模型就是其中一种形式。

② 实体模型。使用简单的实体集合来模拟身体的结构与形状,如圆柱体、椭球体、球体等,然后采用隐表面的显示方法,即使用光线投射法确定身体表面皮肤,如图 5.3 所示。

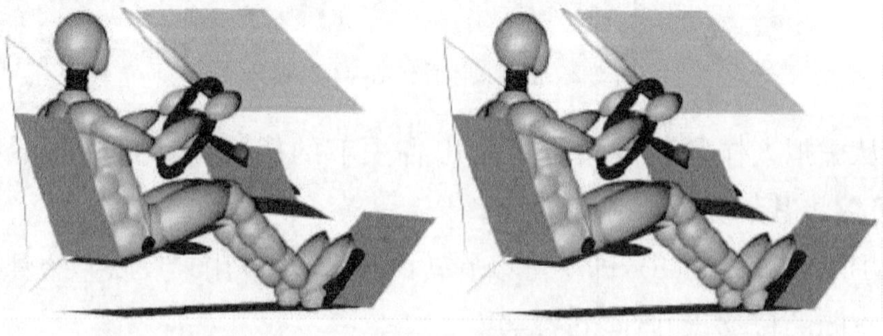

图 5.3　人物实体模型

③ 表面模型。用骨架层和皮肤层来组建人体模型,通过将骨架按

照人体各部位的层次关系进行排列，形成人体的骨架结构；然后利用平面和曲面片组成的网格面来模拟皮肤的几何外形，且将其环绕在骨架周围。通过底层骨架运动进而驱动皮肤变形来模拟人体的各种动作，如图 5.4 所示。

④ 多层次模型。使用骨骼层、肌肉层、脂肪组织层和皮肤层来组建人体模型，它是最接近人体解剖结构的模型。皮肤不是被简单地匹配到骨架上，而是通过中间层实现与骨架的连接。皮肤的动态变形效果由底层骨架运动、肌肉体膨胀和脂肪组织的运动共同作用产生，如图 5.5所示。

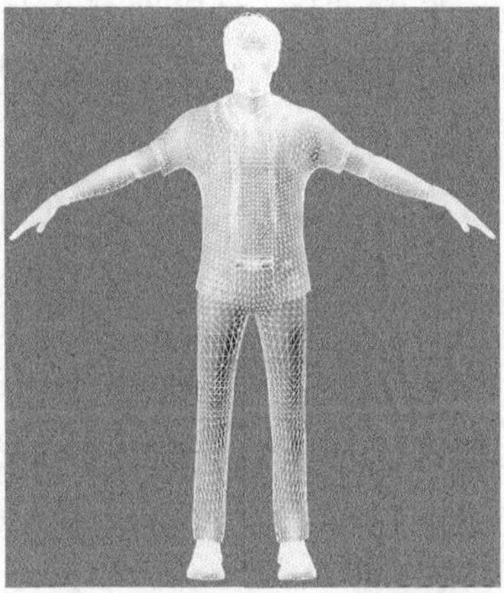

图 5.4　人物表面模型

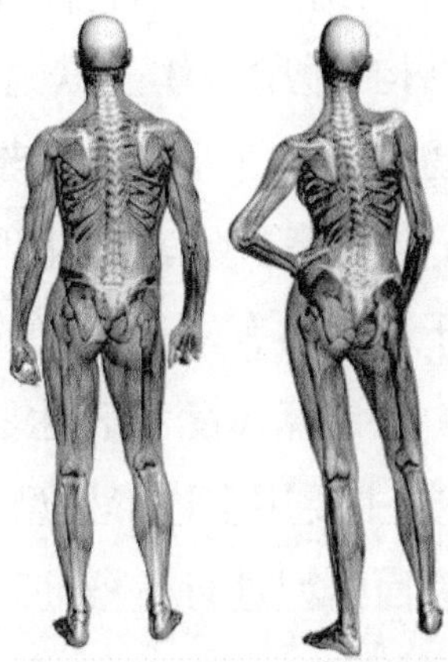

图 5.5　人物多层次模型

由于外在表现形式的逼真度较差，目前棒状体模型和实体模型基本上较少使用，而多层次模型多被应用于解剖学和医学等领域。表面模型不但具有较好的逼真度，而且组建简单，常被应用于虚拟人体运动仿真中。对于表面模型中虚拟人体皮肤的三维建模主要有以下几种方法。

① 创造法。根据人体解剖结构和外形特性，直接绘制虚拟人的骨架和皮肤。这种方法对建模人员的经验要求极高，建模过程复杂，需要的时间较长[99,151,152]。

② 重建法。利用三维扫描仪、立体摄像机等三维设备，或者利用二维照片和摄像机图像等二维信息，经过重建获得非常逼真的人体皮肤模型[99,153]。它对硬件设备及其相关的数据处理技术依赖程度较高。

③ 插值法。使用一组实例模型和一个插值算法创建新的模型。因为插值算法在已有模型和新模型之间充当了高效和可控的桥梁，所以在虚拟人皮肤建模方面的应用越来越普遍[99,154,155]。

对于建好的人体皮肤几何模型，还需要通过合适的计算机图形模型进行渲染和表示，从而生成逼真的人物外形。常用的主要有多边形模型、隐表面模型和参数表面模型三种方法[99]。多边形模型一般情况下使用三角网格表示物体表面，其优点是运算速度快，可以表示任意的拓扑结构，适用人体皮肤这种复杂的带分支结构。而隐表面模型很难表示物体的细节特征，且难于控制其表面变形。对于 B 样条曲面或 Bézier 曲面等参数表面模型，由于难以保持不同曲面间的连续性，不适合用于表示具有复杂分支的人体皮肤表面。

由于计算速度和表达能力等方面的限制，目前在虚拟人体运动仿真领域，主要用多边形模型来渲染和表示人体皮肤。同时，利用纹理贴图对表面模型进行渲染处理，使虚拟人物能够达到逼真的仿真效果，如图 5.6 所示。

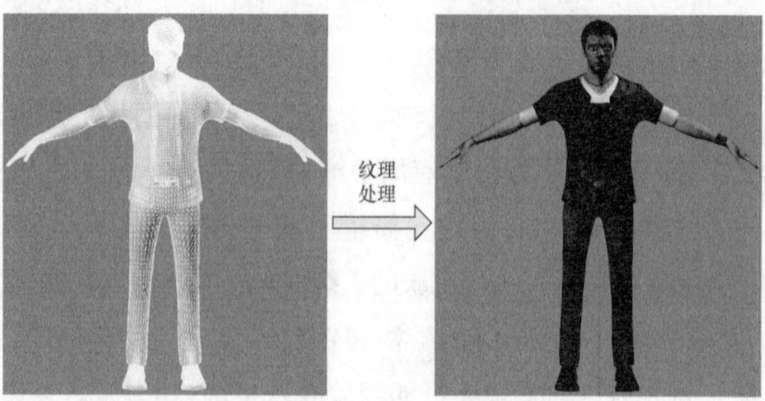

图 5.6　人物表面模型皮肤纹理贴图处理

5.2.3　虚拟人体皮肤变形方法

由于人物角色的动作特征非常复杂，使得对于人体皮肤在动画中的仿真与模拟，尤其是人体动作中的皮肤变形等方面的研究，面临很大的困难和挑战。现有的皮肤变形方法[100-101]主要有以下两种。

(1) 表面模型皮肤变形法

表面模型皮肤变形法是基于表面模型特征皮肤的直接变形方法，通常称为骨骼蒙皮法。它利用骨架结构模型和由平面或曲面组成的皮肤网格来组建人物角色，皮肤作为一个网格蒙在骨架结构之上，决定人物的外形，皮肤变形主要是通过骨架上连接点的运动和转变来控制的[101]。

(2) 多层模型皮肤变形法

多层模型皮肤变形法是基于多层次模型人体解剖结构的间接变形方法。它将人体模型分为骨骼层、肌肉层和皮肤层，其中骨骼决定人体的运动状态，肌肉确定人体部位的变形，而皮肤最终决定人体的显示外观和效果[102]。

表面模型变形法的优点是算法速度较快，具有较好的实时性效果。然而由于其没有考虑人体的解剖结构，在实际的仿真应用中，通常会出现“塌陷”问题和“裹糖纸”效应[156]，不易取得非常逼真的模拟效果。多层模型变形法可以构造出极具真实感和逼真度的三维人体模型，但是其建模难度较大，而且在人体皮肤变形时，计算量较大，不具有较好的实时性。

针对大型复杂装备的 CVMT 需求，考虑到其具有较强的实时性要求，但对人体皮肤的精细度要求却不高，从而采用表面模型法对虚拟维修人员进行蒙皮建模和皮肤变形处理。按照皮肤变形机制，可以把表面模型皮肤变形方法分为刚性变形法、局部变形算子法、骨架驱动变形法和基于实例的插值变形法四类。

① 刚性变形方法。通过将人体各部位上的网格皮肤与骨架相绑定，进而把每个网格映射到相应的关节上，从而获得随骨架一起运动的刚性皮肤。这种方法只需很少的计算资源便可以处理人体的快速运动，实时性效果较好。但其把皮肤网格当做刚体处理，没有考虑肌肉的隆起等变形效果，所以逼真度不高。

② 局部变形算子法。使用与关节值相关的连续变形函数来解决表面模型中刚性变形[99]，通过关节的局变形算子控制皮肤表面的变形。由于每个关节都要采用特定的变形函数，当描述较为复杂的结构模型时，具有一定的局限性，也不便于开发人员对其进行变形控制[103]。

③ 骨架驱动变形。骨架驱动变形(skeleton driven deformation, SDD)不同于局部表面算子法，它通过插值算法能够满足各种类型的关节变形。SDD方法较为简单，执行速度快且效果较好，通过对其进行改进和扩展能够有效地避免变形失真和其他缺陷[104]，是目前人体仿真软件中较成熟的算法之一。

④ 基于实例的插值变形方法。通过预先定义人体皮肤的一组关键形状，然后在关键形状间插值获得新的姿态下的皮肤形态。虽然该方法建模过程简单有效、逼真性较高，但是为了提高变形过程的控制精度，所需要的关键形状个数会随着参数的增加而指数增加。

基于以上分析可知，骨架驱动模型不但具有较好的实时性，而且可以通过相应的算法改进，避免相应的变形缺陷问题，提高人体皮肤的逼真度效果，能够较好地满足CVM中虚拟维修人员的操作动作仿真需要。

5.3 虚拟人体运动仿真模型

对于采用表面模型建模和骨架驱动变形的虚拟维修人员而言，其运动仿真主要有骨架运动和皮肤变形两方面共同配合才能实现。针对大型复杂装备维修操作的动作特点，下面分别通过对虚拟人体的骨架运动和皮肤变形分析，建立虚拟维修人员的运动仿真模型。

5.3.1　虚拟人体骨架运动坐标系

为了实现虚拟人体骨骼之间的牵连运动，需要建立人体骨架的层次化模型，从而通过子父级节点在空间中的运动姿态转换，获取虚拟人体的空间位移，以及各部位的姿态变化。对于如图 5.2 所示的虚拟人体骨架模型，其层次化结构如图 5.7 所示。

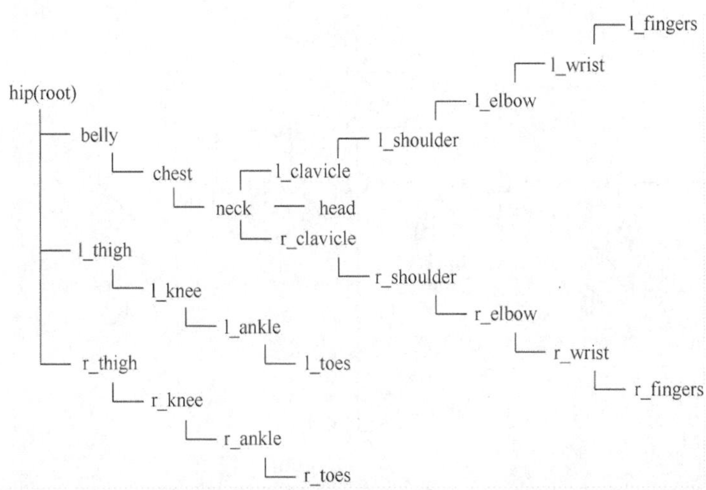

图 5.7　虚拟人体骨骼层次化结构

如图 5.7 所示，人体骨架模型被描述为具有层次关系的树状结构，其中各个关节作为不同的节点，节点之间相连的骨骼又作为相应的链。每一个骨骼或关节的位置和姿态是由其父级关节所决定的，通过设置关节与关节之间的相对位置，便可以确定人体各部分的骨骼长度。为了描述虚拟人体骨架中各部位的运动，需要在各关节点处建立以自身为坐标原点的局部运动坐标系，来描述其父级关节点的空间姿态，且初始状态时 root 根节点坐标系中各坐标轴方向与世界坐标系(WCS)中保持一致。虚拟人体骨骼的运动包括平移和旋转两种状态，即 root 点相对于 WCS 的平移和旋转，以及其他各个关节点因其父节点带动而产生的旋转或绕各自旋转轴的旋转。

虚拟人体骨骼的局部坐标系如图 5.8 所示，其中 $G_0(0,0,0)$ 为 WCS 的坐标原点。由于整个虚拟人体骨架是以 root(hip) 作为根节点的，以 root 节点为原点的局部运动坐标系被作为虚拟人体参考坐标系统(VBRCS)，用于实现虚拟人体在场景中的平移和旋转，并根据其在 WCS 下的空间坐标，计算其他关节点自身局部坐标系的空间位置和姿态。

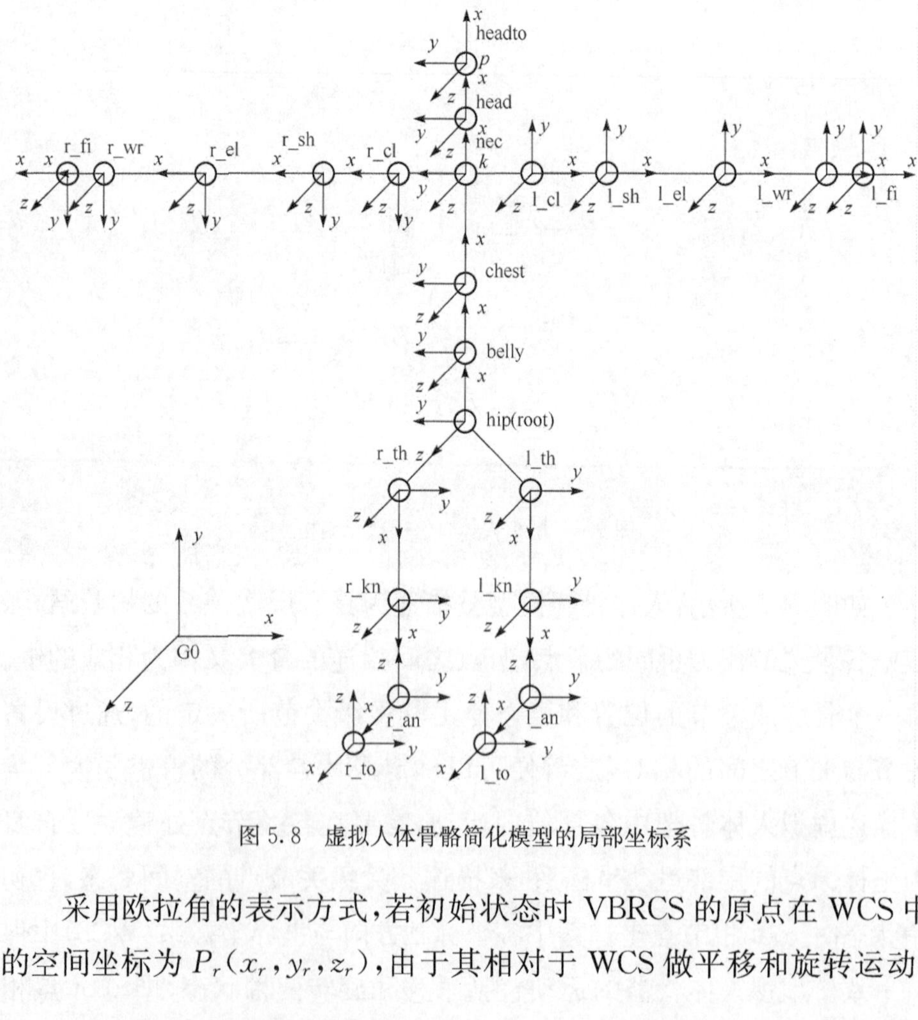

图 5.8 虚拟人体骨骼简化模型的局部坐标系

采用欧拉角的表示方式，若初始状态时 VBRCS 的原点在 WCS 中的空间坐标为 $P_r(x_r, y_r, z_r)$，由于其相对于 WCS 做平移和旋转运动，

则 root 关节点在齐次坐标下的平移矩阵 T_r 和旋转矩阵 R_r 分别为

$$T_r=\begin{bmatrix}1 & 0 & 0 & x_r\\ 0 & 1 & 0 & y_r\\ 0 & 0 & 1 & z_r\\ 0 & 0 & 0 & 1\end{bmatrix} \tag{5.1}$$

$$R_r=R_r(\theta_x,x)\cdot R_r(\theta_y,y)\cdot R_r(\theta_z,z) \tag{5.2}$$

其中，$R_r(\theta_x,x)$、$R_r(\theta_y,y)$ 和 $R_r(\theta_z,z)$ 分别为三个欧拉角 θ_x、θ_y 和 θ_z 在齐次坐标下绕其 x、y 和 z 的三坐标轴旋转矩阵，即

$$R_r(\theta_x,x)=\begin{bmatrix}1 & 0 & 0 & 0\\ 0 & \cos\theta_x & -\sin\theta_x & 0\\ 0 & \sin\theta_x & \cos\theta_x & 0\\ 0 & 0 & 0 & 1\end{bmatrix} \tag{5.3}$$

$$R_r(\theta_y,y)=\begin{bmatrix}\cos\theta_y & 0 & \sin\theta_y & 0\\ 0 & 1 & 0 & 0\\ -\sin\theta_y & 0 & \cos\theta_y & 0\\ 0 & 0 & 0 & 1\end{bmatrix} \tag{5.4}$$

$$R_r(\theta_z,z)=\begin{bmatrix}\cos\theta_z & -\sin\theta_z & 0 & 0\\ \sin\theta_z & \cos\theta_z & 0 & 0\\ 0 & 0 & 1 & 0\\ 0 & 0 & 0 & 1\end{bmatrix} \tag{5.5}$$

则有，其变换矩阵为

$$M_r=T_r\cdot R_r=\begin{bmatrix}R_{11} & R_{12} & R_{13} & x_r\\ R_{21} & R_{22} & R_{23} & y_r\\ R_{31} & R_{32} & R_{33} & z_r\\ 0 & 0 & 0 & 1\end{bmatrix} \tag{5.6}$$

由于 root 关节点是虚拟人体骨架模型中其他关节点的根节点，而其他各个关节点都是在各自的父级节点局部坐标系中做相对运动，为

此通过相应的矩阵转换便可以得到各个关节点局部坐标系原点 $P_i(x_i, y_i, z_i)(i=1,2,\cdots,|J|-1)$ 在 WCS 中的空间位置，即

$$P_i(x,y,z)=M_rM_1\cdots M_iP_{i0}(x_0,y_0,z_0)$$
$$=T_rR_rT_1R_1\cdots T_iR_iP_{i0}(x_0,y_0,z_0) \qquad (5.7)$$

其中，M_i 为关节点 i 相对于以其父节点为原点的局部坐标系中的转换矩阵；T_i 为关节点 i 的局部坐标系转换到以其父节点为原点的局部坐标系的平移矩阵；R_i 为关节点 i 的局部坐标系相对于以其父节点为原点的局部坐标系的旋转矩阵；$P_{i0}(x_0,y_0,z_0)$ 为关节点 i 在自身局部坐标系下的相对坐标位置，通常表示为其次坐标向量。

由于关节点 i 的局部坐标系都是以自身为原点，有 $P_{i0}=[0,0,0,1]^{\mathrm{T}}$。

在虚拟人体骨架运动坐标系中，用欧拉角来表示旋转矩阵，由于其中的元素是欧拉角的正弦或余弦，求其微分相对比较容易，而且通过限定三个欧拉角的运动范围，便能够方便地对人体骨架中关节运动施加约束。

然而，由于旋转矩阵的乘积不可以交换，基于欧拉角的旋转必须按照某个特定的次序进行才能实现所需的旋转变换。同时，采用欧拉角方法存在万向锁(gimbal lock)问题[157,158]，可能导致自由度的丧失。此外，在虚拟人体运动仿真中通常需要进行插值运算，而 3 个欧拉角没有相互制约关系，其插值运算是对 3 个参数独立进行的，没有考虑到由 Euclidean 几何特性引起的旋转轴之间的相互作用关系。而四元数比欧拉角描述物体的旋转更加方便，且没有冗余信息，它提供了一种比旋转矩阵更为有效的方法[159-161]。下面将对四元数在人体骨架运动中的应用及其与欧拉角的转换和插值问题进行研究。

5.3.2 四元数旋转及插值

四元数是由 Hamilton 在 1843 年提出的，将复数推广到四维向量

空间。1985年，Shoemake最早把四元数引入到计算机图形学，并提出用单位四元数空间上的Bezier样条来插值四元数，从而使得四元数方法在计算机图形学、机器人学、机械工程学等领域得到广泛的应用和研究[160-162]。

四元数是一个数学概念，由标量部分和矢量部分组成，其表达式为

$$q=[q_w,q_v]=q_w+q_xi+q_yj+q_zk \tag{5.8}$$

式(5.8)可以写为 $q=[q_w,q_v]=[q_w,q_x,q_y,q_z]$。其中，四元数 $q\in R^4$；其标量部分为 q_w，且有 $q_w\in R$；其矢量部分为 $q_v=(q_x,q_y,q_z)$，且有 $q_v\in R^3$；i、j 和 k 称为虚轴，且有 $i^2=j^2=k^2=-1$。

q 的范数表示为 $\|q\|=\sqrt{q_w^2+q_v^2}$。当 $\|q\|=1$ 时，则称 q 为单位四元数。单位四元数描述了 R^3 空间的一个方向。

q 的共轭表示为 $\tilde{q}=[q_w,-q_v]=[q_w,-q_xi,-q_yj,-q_zk]$。

q 的逆表示为 $q^{-1}=\dfrac{1}{\|q\|^2}[q_w,-q_v]=\dfrac{1}{\|q\|^2}\tilde{q}$。

(1) 四元数旋转

四元数可以方便地用于表示矢量和物体的旋转，而没有冗余的信息。对于四元数 $q=[q_w,q_x,q_y,q_z]$，其含义为围绕单位旋转轴，即

$$n=\frac{1}{\sin(\cos^{-1}q_w)}[q_x,q_y,q_z]^{\mathrm{T}}$$

旋转 $\theta=\cos^{-1}q_w$ 弧度。当 $q=[1,0,0,0]^{\mathrm{T}}$ 时，表示不进行任何旋转；反之，对于旋转角度 θ 和其对应的单位旋转轴 $n\in R^3$，那么这个旋转对应的单位四元数为

$$q=[\cos(\theta/2),n\sin(\theta/2)] \tag{5.9}$$

式(5.9)表明单位四元数 q 可以描述围绕单位轴 n 进行 θ 角的旋转。

对于存在的任一向量 v，则其围绕单位四元数 $q=[q_w,q_v]$ 描述的旋转概念进行的旋转可以表示为

$$[0,v']=q[0,v]\tilde{q}=(q_w-q_v^{\mathrm{T}}q_v)v+2(q_w(q_w\times v)+(v^{\mathrm{T}}q_v)q_v) \tag{5.10}$$

其中，v'为经单位四元数旋转后得到的新向量。

四元数的相乘也表示一个旋转，如对于四元数 q_1 和 q_2，则 $q_1\times q_2$ 表示先以 q_2 定义的旋转概念进行旋转，再以 q_1 定义的旋转概念进行旋转。

(2) 四元数的转化

为了便于用户对物体朝向和旋转描述，通常采用比较直观和方便的欧拉角，要实现基于四元数表示的旋转，则需要把欧拉角转化为四元数。而当四元数表示的旋转作用于物体时，需要使用四元数所对应的齐次旋转矩阵，此时需要把四元数转化为旋转矩阵。为此，下面给出四元数、欧拉角、旋转矩阵之间相互转换的方法。

① 欧拉角向四元数的转换。

设绕 x、y 和 z 轴旋转的欧拉角分别为 θ_1、θ_2 和 θ_3，对应的四元数为 q_{θ_1}、q_{θ_2} 和 q_{θ_3} 由矢量 p 绕四元数 q 旋转后的四元数为 $R_q(p)=qpq^{-1}$ 可知，三个欧拉角(θ_1,θ_2,θ_3)对应的合成四元数为

$$\begin{aligned} q &= q_{\theta_1}q_{\theta_2}q_{\theta_3} \\ &= \left[\cos\frac{\theta_3}{2},\left(0,0,\sin\frac{\theta_3}{2}\right)\right]\left[\cos\frac{\theta_2}{2},\left(0,\sin\frac{\theta_2}{2},0\right)\right]\left[\cos\frac{\theta_1}{2},\left(\sin\frac{\theta_1}{2},0,0\right)\right] \end{aligned} \tag{5.11}$$

令单位四元数 $q=[\cos(\theta/2),n\sin(\theta/2)]=[q_w,(q_x,q_y,q_z)]$，则有

$$q_w=\cos(\theta_1/2)\cos(\theta_2/2)\cos(\theta_3/2)-\sin(\theta_1/2)\sin(\theta_2/2)\sin(\theta_3/2)$$

$$q_x=\sin(\theta_1/2)\sin(\theta_2/2)\cos(\theta_3/2)+\cos(\theta_1/2)\cos(\theta_2/2)\sin(\theta_3/2)$$

$$q_y=\cos(\theta_1/2)\sin(\theta_2/2)\cos(\theta_3/2)-\sin(\theta_1/2)\cos(\theta_2/2)\sin(\theta_3/2)$$

$$q_z=\sin(\theta_1/2)\cos(\theta_2/2)\cos(\theta_3/2)+\cos(\theta_1/2)\sin(\theta_2/2)\sin(\theta_3/2)$$

② 四元数向旋转矩阵的转换。

由式 $R_q(p)=qpq^{-1}$ 可知，四元数 $q=[q_w,(q_x,q_y,q_z)]$ 所决定的旋转矩阵为

$$M=\begin{bmatrix}1-2q_y^2-2q_z^2 & 2q_xq_y-2q_wq_z & 2q_xq_z+2q_wq_y\\ 2q_xq_y+2q_wq_z & 1-2q_x^2-2q_z^2 & 2q_yq_z-2q_wq_x\\ 2q_xq_z-2q_wq_y & 2q_yq_z+2q_wq_x & 1-2q_x^2-2q_y^2\end{bmatrix} \tag{5.12}$$

记为

$$M=\begin{bmatrix}M_{00} & M_{01} & M_{02}\\ M_{10} & M_{11} & M_{12}\\ M_{20} & M_{21} & M_{22}\end{bmatrix}$$

从而,通过以上的转换公式便能够实现四元数与欧拉角之间的相互转换。

(3) 单位四元数的球面线性插值

在四元数的旋转中,单位四元数能够表示任意的旋转,而且表示简单、紧凑,没有冗余信息,其能够方便地实现两个旋转之间的插值。对于两个四元数之间的线性插值应该在球面上进行,即插值曲线经过大圆弧。

给定两个单位四元数 q_1 和 q_2,其插值四元数的代数形式可以表示为

$$s(q,r,t)=(rq^{-1})^t q,\quad 0\leqslant t\leqslant 1 \tag{5.13}$$

其中,最常用的形式为 Spherical Linear intERPolation(Slerp),即

$$s(q,r,t)=\mathrm{Slerp}(q,r,t)=\frac{\sin(\alpha(1-t))}{\sin\alpha}+\frac{\sin(\alpha t)}{\sin\alpha}r,\quad 0\leqslant t\leqslant 1 \tag{5.14}$$

式中,$\alpha=\cos^{-1}(q_wr_w+q_xr_x+q_yr_y+q_zr_z)$;$t$ 为插值参数。

5.3.3　虚拟人体骨架运动模型

在虚拟人体骨架的运动过程中,以 root 关节点为原点的 VBRCS 在 WCS 中做平移和旋转运动,而其他各个关节点则是相对于其父级关节点作旋转变换。对于任意一个特定的关节点,其在 WCS 中的位置及

旋转，都是由从 root 关节点到该关节点的一系列关节点状态决定的。虽然各关节点之间骨骼的长度以及在其局部坐标系中的相对位置不变，但是各个关节点的局部坐标系是不停变化的，每块骨骼在 WCS 中的空间位置也都发生了变化。因此，虚拟人体骨架运动过程实质上是其各个关节点的局部坐标系的时序变化过程[163]，所有的运动关节经过相应的坐标转换，进而驱动人体骨架做相应的运动，最终生成具有较强真实感的虚拟人体维修操作动作。

虚拟人体骨架某一时刻的姿态是由 root 关节点的位置和方位角，以及其他各个关节点局部坐标系产生的旋转决定的。虚拟人体的运动过程是随时间变化的动态过程，为此可以通过先计算人体骨骼运动过程中 root 关节点任一时刻的空间位置，从而逐步求得该时刻其他各子节点的空间位置，即

$$P_r(t)=T_r(t)\cdot R_r(t)\cdot P_r(t_0)=M_r(t)\cdot P_r(t_0) \tag{5.15}$$

$$P_i(t)=T_i(t)\cdot R_i(t)\cdot P_i(t_0)=M_i(t)\cdot P_i(t_0),\quad i=1,2,\cdots,|J|-1 \tag{5.16}$$

其中，$P_r(t)=[x_r(t),y_r(t),z_r(t),1]^{\mathrm{T}}$ 和 $P_r(t_0)=[x_r(t_0),y_r(t_0),z_r(t_0),1]^{\mathrm{T}}$ 分别为 t 时刻和 t_0 时刻 root 关节点在 WCS 中的空间位置；$T_r(t)$、$R_r(t)$ 和 $M_r(t)$ 分别为 t 时刻 VBRCS 相对于 WCS 的平移、旋转和转换矩阵，且有

$$\begin{aligned}
&M_r(t)\\
&=M_r(t_0+\Delta t)\\
&=T_r(t_0+\Delta t)\cdot R_r(t_0+\Delta t)\\
&=\begin{bmatrix}
R_{11}^r(t_0)+R_{11}^r(\Delta t) & R_{12}^r(t_0)+R_{12}^r(\Delta t) & R_{13}^r(t_0)+R_{13}^r(\Delta t) & x_r(t_0)+x_r(\Delta t)\\
R_{21}^r(t_0)+R_{21}^r(\Delta t) & R_{22}^r(t_0)+R_{22}^r(\Delta t) & R_{23}^r(t_0)+R_{23}^r(\Delta t) & y_r(t_0)+y_r(\Delta t)\\
R_{31}^r(t_0)+R_{31}^r(\Delta t) & R_{32}^r(t_0)+R_{32}^r(\Delta t) & R_{33}^r(t_0)+R_{33}^r(\Delta t) & z_r(t_0)+z_r(\Delta t)\\
0 & 0 & 0 & 1
\end{bmatrix}
\end{aligned} \tag{5.17}$$

$P_i(t)=[x_i(t),y_i(t),z_i(t),1]^T$ 和 $P_i(t_0)=[x_i(t_0),y_i(t_0),z_i(t_0),1]^T$ 分别为 t 时刻和 t_0 时刻关节点 i 在 WCS 中的空间位置，且 $P_i(t_0)$ 可以通过式(5.7)求得。

$T_i(t)$、$R_i(t)$ 和 $M_i(t)$ 分别为 t 时刻关节点 i 的局部坐标系相对于其父节点的平移、旋转和转换矩阵，且有

$$\begin{aligned}&M_i(t)\\&=M_i(t_0+\Delta t)\\&=T_i(t_0+\Delta t)\cdot R_i(t_0+\Delta t)\\&=\begin{bmatrix}R_{11}^i(t_0)+R_{11}^i(\Delta t) & R_{12}^i(t_0)+R_{12}^i(\Delta t) & R_{13}^i(t_0)+R_{13}^i(\Delta t) & x_i(t_0)+x_i(\Delta t)\\R_{21}^i(t_0)+R_{21}^i(\Delta t) & R_{22}^i(t_0)+R_{22}^i(\Delta t) & R_{23}^i(t_0)+R_{23}^i(\Delta t) & y_i(t_0)+y_i(\Delta t)\\R_{31}^i(t_0)+R_{31}^i(\Delta t) & R_{32}^i(t_0)+R_{32}^i(\Delta t) & R_{33}^i(t_0)+R_{33}^i(\Delta t) & z_i(t_0)+z_i(\Delta t)\\0 & 0 & 0 & 1\end{bmatrix},\\&\qquad i=1,2,\cdots,|J|-1\end{aligned}\tag{5.18}$$

由于在人体骨架运动过程，其他各个关节点局部坐标系的原点为自身节点，即有 $P_{i0}=[0,0,0,1]^T(i=1,2,\cdots,|J|-1)$，可知各个关节点在以其父节点为原点的局部坐标系和以 root 关节点为原点的 VBRCS 中只做旋转变换。为此，可将虚拟人体骨架运动表示为每一时刻 root 关节点的空间转换和其他各个关节点旋转变换的集合，即

$$Q(t)=(M_r(t),R_i(t))=(T_r(t),R_r(t),R_i(t)),\quad i=1,2,\cdots,|J|-1\tag{5.19}$$

由式(5.19)可以看出，$T_r(t)$ 反映的是为 t 时刻 root 关节点在 WCS 中的空间位置，而 $R_r(t)$ 和 $R_i(t)$ 则是各个关节点对应的旋转变换。为此，可以用表示 root 关节点空间位置的三维向量和表示旋转的单位四元数来描述虚拟人体骨架的运动过程，即

$$M(t)=[P_r(t),Q_1(t),\cdots,Q_i(t),\cdots,Q_n(t)]^T\tag{5.20}$$

其中，$P_r(t)\in R^3$ 表示 root 关节点在 WCS 中的偏移；$Q_i(t)$ 表示用单位

四元数描述的各个关节点的旋转变换矩阵，$1 \leqslant i \leqslant n, n = |J|$。当 $i=1$ 时，表示的是 root 关节点的旋转变换矩阵。

由于虚拟人体骨架两个动作之间的变换过程可以用偏移映射进行描述[164]，采用基于偏移映射的时空约束模型[165-167]，则可以将两个动作之间的偏移映射描述为

$$D(t) = M(t) - M(t_0) = [V_0(t), V_1(t), \cdots, V_i(t), \cdots, V_n(t)]^{\mathrm{T}} \tag{5.21}$$

其中，$V_i(t) \in R^3 (0 \leqslant i \leqslant n)$ 描述的是对应于 $M(t)$ 中相应元素的运动变化量，从而在原有运动基础上加上偏移映射就可以得到新的运动，即

$$M(t) = M(t_0) \oplus D(t) = \begin{bmatrix} P_r(t_0) \\ Q_1(t_0) \\ \vdots \\ Q_i(t_0) \\ \vdots \\ Q_n(t_0) \end{bmatrix} \oplus \begin{bmatrix} V_0(t) \\ V_1(t) \\ \vdots \\ V_i(t) \\ \vdots \\ V_n(t) \end{bmatrix} = \begin{bmatrix} P_r(t_0) + V_0(t) \\ Q_1(t_0)\exp(V_1(t)) \\ \vdots \\ Q_i(t_0)\exp(V_i(t)) \\ \vdots \\ Q_n(t_0)\exp(V_n(t)) \end{bmatrix} \tag{5.22}$$

其中，$\exp(V_i(t))(0 \leqslant i \leqslant n)$ 描述的是围绕单位轴 $n_i = \dfrac{V_i(t)}{\| V_i(t) \|}$ 旋转角度 $\| V_i(t) \|$ 的旋转变换，$n_i \in R^3 (0 \leqslant i \leqslant n)$。

对于四元数的代数几何方法与指数图的相关知识，可以参考文献[164]等。

5.3.4 虚拟人体皮肤变形实现

对于采用表面模型建立的虚拟人体模型，骨架的运动最终是驱动表面皮肤的变形来模拟人体的各种动作行为。由于皮肤网格是与人体骨架的不同部位相互绑定的，网格的各个顶点都会受到一个或多个骨骼的影响，其影响权重是由骨骼与网格顶点的几何和物理关系来确定

的。通过计算不同骨骼对网格顶点影响的加权和，便可以得到该网格顶点在 WCS 中的坐标位置。当相邻的骨骼通过关节相连进行牵连运动时，就会引起相邻骨骼间的夹角和位移进行改变，从而使虚拟人体骨架作出相应的行为动作，实现较为逼真的运动仿真效果。

骨架驱动变形的蒙皮算法是一种基于局部操作的皮肤变形算法[99]，通过为皮肤网格的每个顶点关联对应的一组关节，并设定相应的影响权重，从而实现人体骨架运动对表面皮肤变形的控制。该方法本质上是一种插值算法，其基本原理及其实现方法可以用下式表示，即

$$\begin{cases} V_i(t) = \sum_{j=1}^{n} \omega_{ij} \left(M_{ij}(t) M_{ij}^{-1}(t_0) V_i(t_0) \right) \\ \sum_{j=1}^{n} \omega_{ij} = 1 , \quad \omega_{ij} \in \mathbf{R}^{+} \end{cases} \tag{5.23}$$

其中，$V_i(t)(i=1,2,\cdots,N)$为 t 时刻皮肤顶点 V_i 在 WCS 中的空间坐标位置，N 为皮肤网格中进行骨骼绑定的顶点个数；ω_{ij} 为与皮肤顶点 V_i 相关联的第 j 个关节的影响权重；$M_{ij}(t)$为新时刻 t 时与皮肤顶点 V_i 相关联的第 j 个关节的局部坐标系对应于 WCS 的转换矩阵；$M_{ij}^{-1}(t_0)$为矩阵$M_{ij}(t_0)$的逆变换矩阵；$M_{ij}(t_0)$为 t_0 时刻与皮肤顶点 V_i 相关联的第 j 个关节的局部坐标系对应于 WCS 的转换矩阵。

$V_i(t_0)(i=1,2,\cdots,N)$为 t_0 时刻皮肤顶点 V_i 在 WCS 中的空间坐标位置，从而可知 $M_{ij}^{-1}(t_0)V_i(t_0)$为 t_0 时刻皮肤顶点 V_i 在与其相关联的第 j 个关节的局部坐标系中的相对坐标位置。

通过式(5.23)的描述可以看出，根据虚拟人体的骨架运动，通过关节的动态运动能够计算得到皮肤顶点 V_i 在任一时刻 t 的新位置 $V_i(t)$，从而便可以实时地对人体关节运动中的皮肤变形进行驱动和模拟。

然而，骨架驱动变形的蒙皮算法比较容易出现“塌陷”和“裹糖纸”问题，需要对该算法进行相应的改进和完善，从而克服皮肤变形中的各

种失真问题。目前对于该领域的研究已经取得了较好的解决途径和应用效果，主要有以下几种解决方案。

(1) 拉伸蒙皮算法

其主要思路为在皮肤的可变区域内对皮肤网格进行拉伸，从而防止皮肤的过度“塌陷”和“裹糖纸”效应[101]。拉伸蒙皮算法虽然可以解决基本蒙皮算法所带来的一些缺陷，但是它加大了蒙皮算法的自由度，并且对于处理皮肤绕轴旋转角度较大的情况下，仍然存在一些缺陷，缺乏较好的真实感。

(2) 交叉截面变形算法

其基本思想是利用人体躯干和四肢具有近似圆柱体形状的特性，将皮肤顶点按轮廓线分组，通过设置和改变每个轮廓线的方向、大小和位置，得到人体四肢和躯干的平滑变形[99,168]。这种方法按轮廓而非针对单独的顶点执行变形计算，速度快，并且不需要繁琐的权值指定工作。缺点是轮廓仅由两个相邻关节确定，导致了一些区域例如肩部的不理想效果，同时皮肤网格需要特殊的组织方式，在肢体和躯干之间就产生了额外的缝补问题。

(3) 基于扩展的改进蒙皮算法

其主要思想是通过在标准骨架层次结构的已有关节之间加入虚关节，从而增加皮肤可变区域中的辅助关节点，并尽量减少相邻关节之间的不一致性[101,104]。该方法虽然加大计算量，但能够克服骨架驱动皮肤变形中的典型失真问题，极大地改善了皮肤的变形效果，使得人体中的肩部、肘部和膝盖等特殊部位变形更加光滑，具有较高的逼真度和真实感。

针对大型复杂装备 CVMT 的具体需求，对于虚拟维修人员在维修操作过程中的皮肤变形，需要着重考虑肩部、肘部、膝盖、手腕和手指等部位可能出现的变形失真问题。为了达到较好的仿真效果，采用基于扩展的改进蒙皮算法，通过对这些部位添加辅助关节点来克服皮肤变形失真问题,从而实现各个虚拟维修人员具有较好逼真度的维修操作仿真。

5.4　多个虚拟维修人员的协同交互控制技术

在实现虚拟维修人员运动仿真的基础上,大型复杂装备 CVMT 过程中还需要考虑多个虚拟维修人员之间的人机交互控制,以及对维修对象、维修资源的协同配合操作,进而实现多个虚拟维修人员的协同运动仿真和交互操作控制。

5.4.1　CVM 中的人机交互控制技术

CVM 中的人机交互控制技术(HCICT)是基于 VR 交互设备的发展而产生的。其主要目的是通过 VR 交互设备采集现实中维修人员的操作输入信息,然后发送至虚拟环境中进行分析和处理,从而控制相应的虚拟维修人员进行运动仿真和维修操作模拟,通过人在回路的方式实现逼真直观的维修训练效果。根据不同的实现方式,可将人机交互控制模式分为桌面式、半沉浸式和沉浸式,这三种类型在人机交互和相互感知的程度上是逐步加深的。文章主要针对沉浸式 CVME 中人机交互控制技术进行相应的研究和应用开发。

沉浸式人机交互控制通过 VR 外设实时驱动虚拟人体模型动作,使受训人员能够直接与 CVME 中的各类对象信息进行交互,实现真实操作人员修理虚拟装备。目前,能够实现对虚拟人体运动过程进行实时控制的 VR 设备主要有三维鼠标、数据手套和空间位置跟踪系统和人体运动捕捉系统等。

① 三维鼠标只能够实现对虚拟人体模型中某个节点在六个自由度上的运动控制,如图 5.9 所示。需要相应的控制算法才能实现对整个虚拟人体模型的交互控制,控制精度和实时性效果较差。

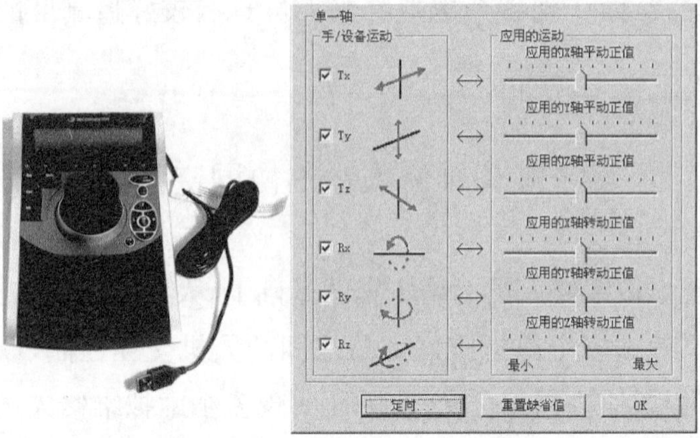

图 5.9　三维鼠标及其交互控制设置

② 数据手套主要用于对人体手部动作的实时驱动和控制，通过传感器实时采集各手指关节部位的运动数据，从而实现各种复杂的手部操作动作，降低手部建模及其运动仿真的难度，如图 5.10 所示。

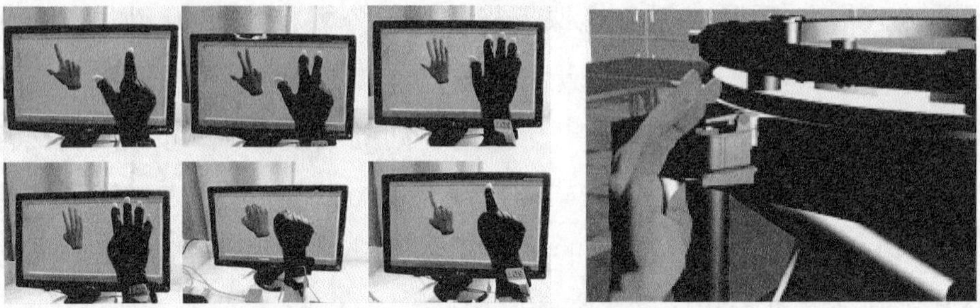

图 5.10　数据手套的手部动作驱动及其在 VM 中的应用

③ 空间位置跟踪系统虽然能够配合数据手套实现对整个虚拟人体模型的交互控制，但是其需要大量的传感器来获取受训人员身体相应部位的运动数据。如图 5.11 所示的是美国 Ascension 公司的鸟群式和星群式空间位置跟踪系统。由于该类系统通常采用电磁式设备，作用区域比较有限，而且受到传感器接口数量的限制，只能支持一定数量的传感器，获取的人体运动数据信息比较有限，控制精度也相对较低。

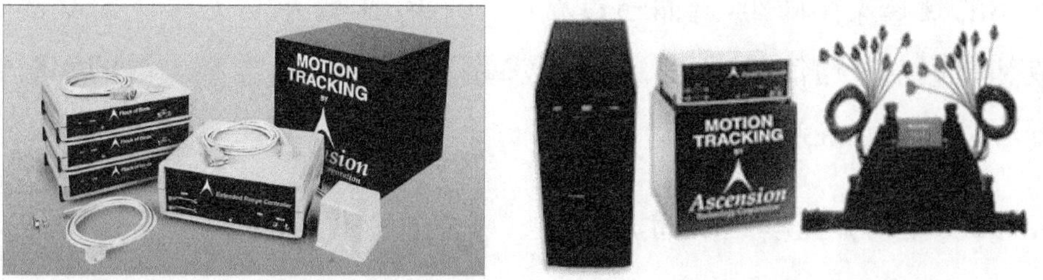

(a) Flock of Birds电磁式位置跟踪系统　　(b) Motion Star电磁式位置跟踪系统

图 5.11　Ascension 公司的空间位置跟踪系统

④ 人体运动捕捉系统主要有机械式、电磁式、声学式和光学式等多种捕捉方式。其中光学式运动捕捉系统还包括被动式、主动式和光纤式三种类型，如图 5.12 所示。受到捕捉设备的复杂性、价格，以及采样限制等影响，目前被动式光学运动捕捉系统被越来越广泛的采用。其优点捕捉方式简单，对用户的运动姿态和操作动作基本没有限制，而且采样频率高(100fps 以上)，能够满足实时性人体全身运动捕捉的要求。

(a) 被动式光学动作捕捉系统　　(b) 光纤式动作捕捉系统

图 5.12　光学式人体动作捕捉系统实例

针对大型复杂装备 CVMT 人机交互控制的实时性和协同性需求，CVMTS 需要能够获取多个维修操作人员的空间运动和维修操作数据信息，同时对其相互之间的协同配合进行控制和管理。为此，我们提出基于沉浸式 VR 的人机交互控制方案，采用被动式光学人体动作捕捉系统获取维修训练人员的运动数据，并利用数据手套实时获取其手部具体的维修操作动作，进而通过相应的 API 函数开发实现与 SSP 的集成和数据信息通信，从而实现对 CVME 中多个虚拟维修人员的实时数据驱动和交互控制。

5.4.2 被动式光学运动捕捉技术

OptiTrack 被动式光学运动捕捉系统是一套具有较高性价比的设备，能够满足不同领域的应用需求，主要由红外摄像机、全身运动捕捉软件、运动捕捉专用衣及 Marker 点、通信设备和校准设备等组成，如图 5.13 所示。红外摄像机的捕捉频率可以达到 100fps，能够实现亚毫米级的捕捉精度。在实际应用中，为了提高同时对多个操作人员的运动捕捉精度，通常需要增加摄像机的数量，并扩大捕捉区域的面积。文章基于 OptiTrack 被动式光学运动捕捉系统，研究同时对 2 个维修操作人员进行运动数据捕捉，以实现对 CVME 中相应虚拟维修人员进行实时交互控制的相关技术。

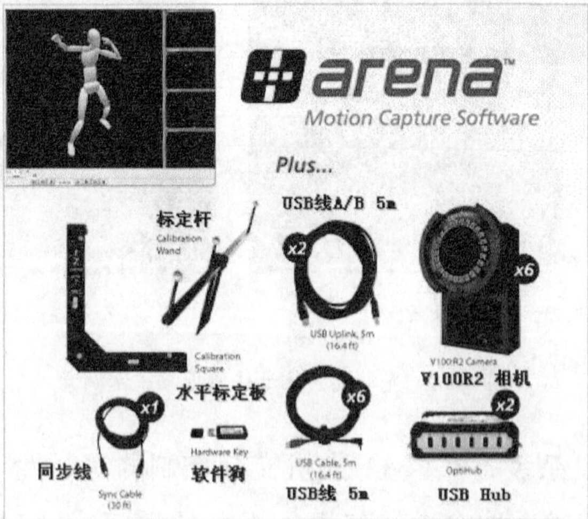

图 5.13 OptiTrack 被动式光学动作捕捉系统

在使用被动式光学运动捕捉系统进行人体动作捕捉时，需要做的前期准备工作，以及相应的实施过程主要有以下步骤[169,170]。

① 捕捉摄像机架设区域规划及设备安装和调试，主要根据具体的场地环境和所要实现的捕捉效果来进行规划和实施，两种不同方式如图 5.14 所示。

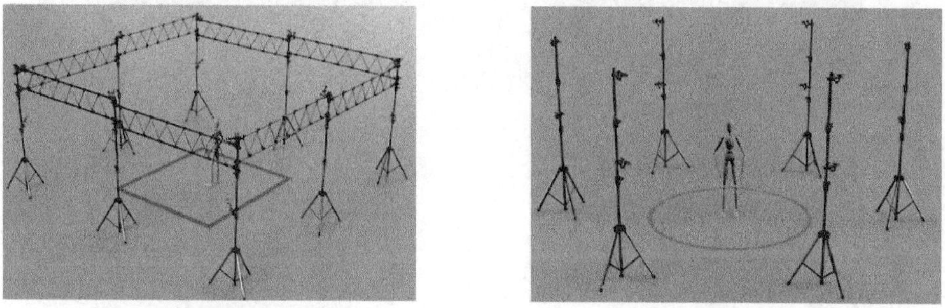

(a) 方形区域架设方式　(b) 圆形区域架设方式

图 5.14　被动式光学动作捕捉系统架设方式示意图

② 标定和校准捕捉摄像机的位置和姿态，并调节其相应参数，使 12 个捕捉摄像机都能较好地对准捕捉区域，并能够同时对捕捉区域里的任一 Marker 点进行捕捉。该过程是利用 Arena 动作捕捉软件的相机校准系统来完成的，按照向导中的具体操作步骤，通过在捕捉区域挥舞标定杆，并对其进行数据捕捉和计算处理，从而确定各捕捉摄像机的标定校准和参数配置。

③ 粘贴人体 Marker 点。根据建立的人体骨架在维修训练人员所穿着的运动捕捉专用衣上粘贴 Marker 点，使对应身体部位上的 Marker 点能够构成不同的面片形状，从而被动作捕捉系统进行数据获取和结构匹配。如图 5.15 所示为 Marker 点在虚拟人体及其骨架模型中对应的布局位置，总计有 34 个 Marker 点(腰部 4 个；头部、背部、手臂和手部各 3 个；大腿、小腿和脚部各 2 个)。

④ 标定和校准虚拟人体骨架。利用 Arena 动作捕捉软件的骨架标定向导，通过捕捉维修训练人员的“T”姿势(“T”Pose)和运动数据，进而调整虚拟人体骨架模型的身高和肩宽数据，使维修训练人员的体形

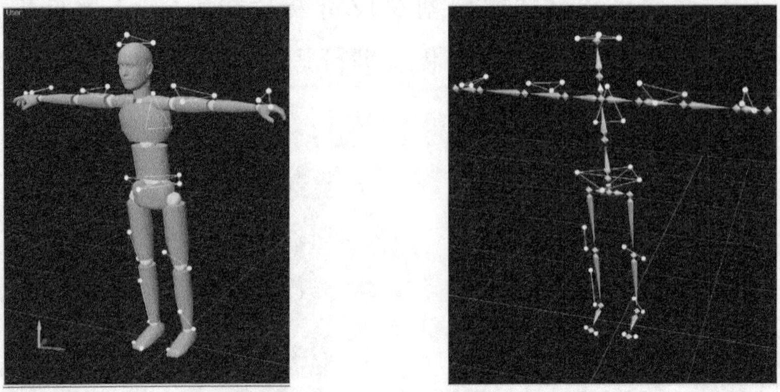

(a) Marker点与虚拟人体对应关系　　(b) Marker点与虚拟人体骨架对应关系

图 5.15　人体 Marker 点布局位置示意图

特征能够与动作捕捉软件中的虚拟人体骨骼进行匹配和绑定，如图 5.16所示。

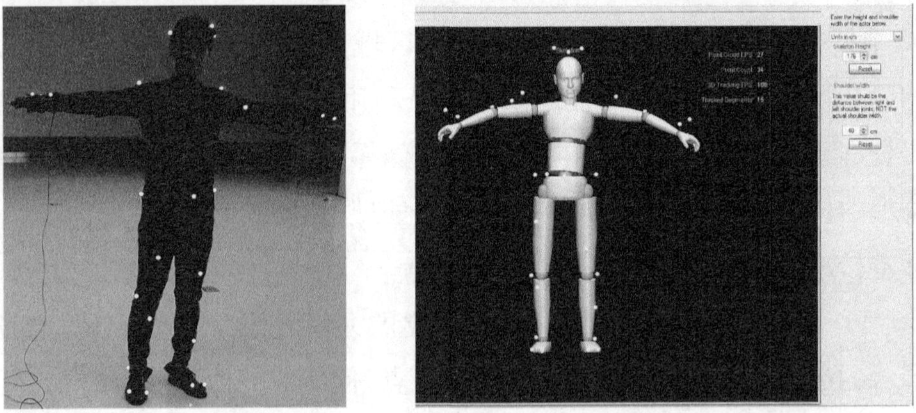

(a) 真实维修训练人员“T”Pose　　(b) 虚拟人体模型“T”Pose匹配与调整

图 5.16　虚拟人体骨架标定与校准示意图

⑤ 运动数据捕捉和运动轨迹记录。通过设置相关参数和数据格式，将捕捉数据保存为相应的 *. bvh、*. c3d 格式文件，但是这些数据不具备实时交互性，可以离线地用于动画制作、仿真运动调试等开发中。

⑥ 运动捕捉数据的实时获取及数据流输出。在不进行运动捕捉数

据记录时，Arena 软件能够将获取的 Marker 点集（Marker Set）、刚体集（Rigidbody Set）和骨骼集（Skeleton Set）三种类型的数据，通过 NatNet SDK 开发的 API 模块和 Internet 网络实现数据流信息的实时传输和处理，从而实现对 CVME 中虚拟人体运动的实时驱动和交互控制。

在大型复杂装备 CVMT 中，光学式人体运动捕捉系统作为沉浸式 CVME 的交互外设，通过获取实际环境中多个维修人员的操作动作输入信息，进而实时驱动虚拟维修人员的空间运动和维修操作仿真。虽然对于红外摄像机延迟带来的噪声点，OptiTrack 人体运动捕捉系统配套的 Arena 运动捕捉软件能够较好地进行过滤和屏蔽，但是其采集到的仅有 Marker 点的三维坐标信息，而且是以散乱无序的形式存在。同时，当某些 Marker 点被道具、四肢、躯干或者其他 Marker 点遮挡时，还会造成被遮挡 Marker 点的数据信息缺失，且这些 Marker 点的数据信息缺失时常会延续一段时间。此外，当操作人员在做大幅度动作时，人体上的 Marker 点相对于原来位置会出现偏移，从而改变运动数据之间的拓扑结构。这些问题都会造成捕捉到的人体运动信息缺失，从而导致 CVME 中虚拟维修人员空间运动和维修操作仿真的变形和失真。

5.4.3　多人运动捕捉数据的信息补偿方法

针对光学式人体运动捕捉系统存在的缺陷和问题，近年来国内外的诸多专家学者进行了大量的研究工作，取得了较好的应用效果。Jung 等[171]应用基于层次化卡尔曼滤波的跟踪方法对捕捉数据进行处理，实现了一种实时的人体运动捕捉。Silaghi 和 Herda 等[172,173]分别提出基于人体骨架结构匹配的运动捕捉数据处理方法，并取得了良好的应用效果。Schwartz 等[174]提出一种用 Marker 点来推导人体骨架各关节点的算法，使运动数据对虚拟人体动作的驱动更精确。黄海明等[175]提出一种关节中心判定算法，利用 Marker 点来求关节点，进而驱动虚拟人体进行相应运动仿真。Liu 等[176]利用分段线性 PCA 技术对缺失点进行估测，把统计学理论引入运动数据处理中，得到了较好的结果。Müller 等[177]提出运动模板和运动分类技术用于动作捕捉数据的检索。肖伯祥、Zhang 和吴升等[109,178,179]提出一种适用于被动式光学人体运动捕捉散乱数据处理方法，采用模块线性分段和模版匹配，有效地实现了对散乱运动数据的自动处理和错误纠正。

在综合利用以上成熟的技术和方法，对现实中两个维修操作人员身上 Maker 点与 CVME 中相应虚拟人体骨架中各关节点进行映射和匹配的基础上，为了避免维修操作训练中，动作捕捉系统中多个维修训练人员因为相互遮挡而造成 Marker 点的数据缺失，文章提出一种基于信息补偿的运动数据处理方法。其主要思路为：考虑到维修训练人员在光学式运动捕捉系统中进行操作动作模拟时，其身体主要躯干部位(头部、肩部、背部、胸部、腰部、腿部等)上的 Marker 点被遮挡的可能性较小，而且这些部位具有一定的相对固定性和约束性，能够通过模板匹配和运功轨迹追踪等方法进行准确的补偿处理。而两个手臂部位由于需要进行相应的维修操作动作模拟，以及相互间的协同配合等，这些部位上的 Marker 点被遮挡的可能性比较大，容易造成虚拟人体骨架中相应部位关节点的驱动数据缺失，从而导致出现错乱的动作仿真效果。为此，在维修操作训练人员的左右两个手腕部位，分别加装一个电磁式空间位置跟踪传感器。通过对其进行姿态定位及数据初始化配置，使得通过两个传感器所获取的左右手腕关节点的空间位置和姿态信息，能够与光学式动作捕捉系统保持一致，从而在两个手腕部位的 Marker 点被遮挡时，采用传感器的输入数据进行信息补偿，确保 CVME 中虚拟人体相应关节点的数据信息保持完整和统一。

其具体的工作原理和实现方法如下。

① 在实际应用中，电磁式位置跟踪系统的信号源发射器通常被固定于物体的水平面上，调整好坐标方向后基本不再挪动。其产生半径约为 1.5m 的球形磁场，能够在 CVME 中形成以 WCS 下某坐标点为原

点的参考坐标系(RCS),即位置跟踪坐标系(position tracking coordinate system,PTCS)。

② 当传感器被固定于维修训练人员的手腕部位时,相当于在 CVME 中人体骨架的两个手腕关节点处,建立了相对于 PTCS 的局部坐标系 LCS_{Lwrist} 和 LCS_{Rwrist}。通过对传感器的姿态调整和位置跟踪系统的初始化配置,使 LCS_{Lwrist} 和 LCS_{Rwrist} 与图 5.8 中相应手腕关节点的局部坐标系中各坐标轴方向相同,且使两两之间相互保持固定的相对位置关系,如图 5.17 所示。

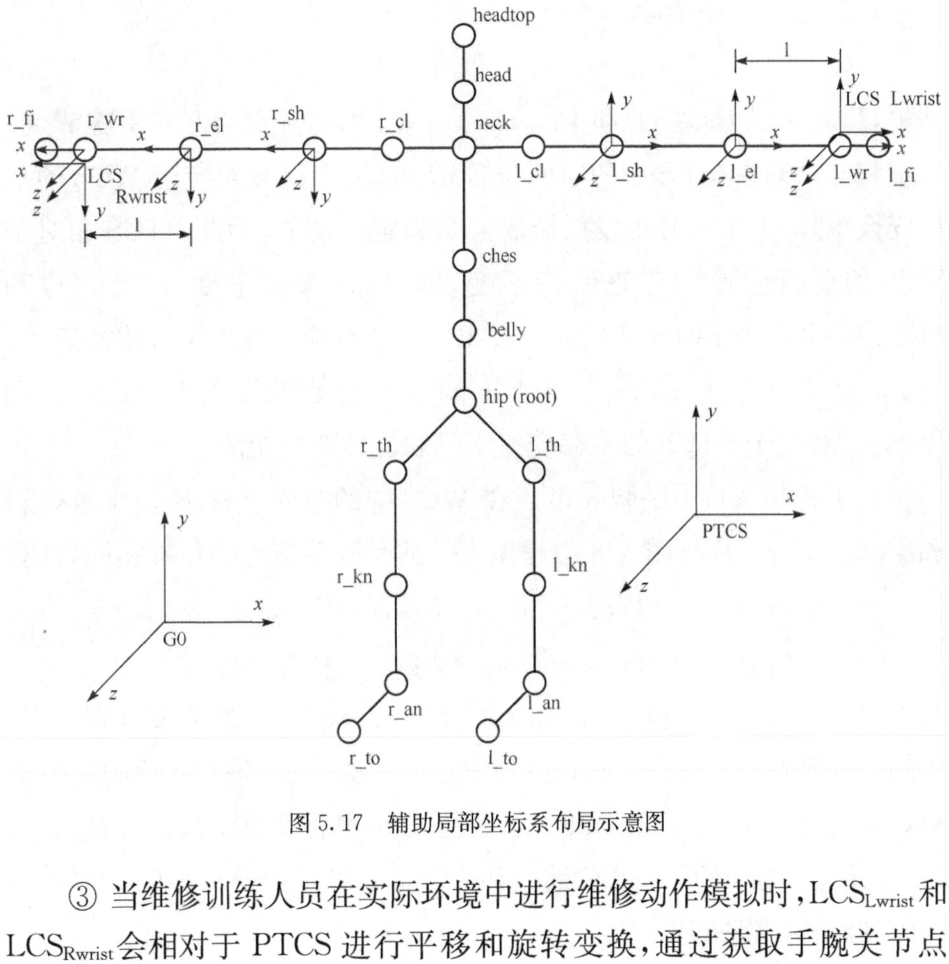

图 5.17　辅助局部坐标系布局示意图

③ 当维修训练人员在实际环境中进行维修动作模拟时,LCS_{Lwrist} 和 LCS_{Rwrist} 会相对于 PTCS 进行平移和旋转变换,通过获取手腕关节点 P_{Lwrist} 和 P_{Rwrist} 每一时刻在 PTCS 中的相对空间位置和姿态,便能够利

用电磁式位置跟踪系统同样获取虚拟人体骨架中左右手腕部位的运动姿态，即有

$$\begin{cases} P_{\text{Lwrist}}(t)=T_{\text{PTCS}}\cdot T_{\text{Lwrist}}(t)\cdot R_{\text{Lwrist}}(t)\cdot P_{\text{Lwrist}}(t_0)=M_{\text{Lwrist}}(t)\cdot P_{\text{Lwrist}}(t_0) \\ P_{\text{Rwrist}}(t)=T_{\text{PTCS}}\cdot T_{\text{Rwrist}}(t)\cdot R_{\text{Rwrist}}(t)\cdot P_{\text{Rwrist}}(t_0)=M_{\text{Rwrist}}(t)\cdot P_{\text{Rwrist}}(t_0) \end{cases} \tag{5.24}$$

$$\begin{cases} M_{\text{Lwrist}}(t)=T_{\text{PTCS}}\cdot T_{\text{Lwrist}}(t)\cdot R_{\text{Lwrist}}(t)=T_{\text{PTCS}}\cdot T_{\text{Lwrist}}(t_0+\Delta t) \\ \qquad\cdot R_{\text{Lwrist}}(t_0+\Delta t) \\ M_{\text{Rwrist}}(t)=T_{\text{PTCS}}\cdot T_{\text{Rwrist}}(t)\cdot R_{\text{Rwrist}}(t)=T_{\text{PTCS}}\cdot T_{\text{Rwrist}}(t_0+\Delta t) \\ \qquad\cdot R_{\text{Rwrist}}(t_0+\Delta t) \end{cases} \tag{5.25}$$

其中，$P_{\text{Lwrist}}(t)$、$P_{\text{Rwrist}}(t)$和 $P_{\text{Lwrist}}(t_0)$、$P_{\text{Rwrist}}(t_0)$分别为左右手腕节点 t 时刻和 t_0 时刻在 WCS 中的空间位置；T_{PTCS}为 PTCS 对应于 WCS 的平移变换矩阵，由于信号源发射器通常是固定不动的，为此 PTCS 相对于 WCS 的空间位置和姿态保持不变，即 T_{PTCS} 保持不变；$M_{\text{Lwrist}}(t)$ 和 $M_{\text{Rwrist}}(t)$分别为 t 时刻 $\text{LCS}_{\text{Lwrist}}$ 和 $\text{LCS}_{\text{Rwrist}}$ 对应于 WCS 的转换矩阵；$T_{\text{Lwrist}}(t)$、$T_{\text{Rwrist}}(t)$ 和 $R_{\text{Lwrist}}(t)$、$R_{\text{Rwrist}}(t)$ 分别为 t 时刻 $\text{LCS}_{\text{Lwrist}}$ 和 $\text{LCS}_{\text{Rwrist}}$ 对应于 PTCS 的平移变换矩阵和旋转变换矩阵。

对于式(5.24)中手腕关节点在 WCS 中的空间坐标 $P_{\text{Lwrist}}(x,y,z)$ 和 $P_{\text{Rwrist}}(x,y,z)$，与图 5.8 中虚拟人体的手腕关节点的位置相同，且有

$$\begin{cases} P_{\text{Lwrist}}(x,y,z)=T_{\text{PTCS}}\cdot T_{\text{Lwrist}}\cdot R_{\text{Lwrist}}\cdot P_{\text{Lwrist}}(x_0,y_0,z_0) \\ P_{\text{Rwrist}}(x,y,z)=T_{\text{PTCS}}\cdot T_{\text{Rwrist}}\cdot R_{\text{Rwrist}}\cdot P_{\text{Rwrist}}(x_0,y_0,z_0) \end{cases} \tag{5.26}$$

其中，$P_{\text{Lwrist}}(x,y,z)$ 和 $P_{\text{Rwrist}}(x,y,z)$分别为左右手腕关节点在 WCS 中的空间坐标；$P_{\text{Lwrist}}(x_0,y_0,z_0)$和 $P_{\text{Rwrist}}(x_0,y_0,z_0)$是左右手腕关节点初始状态在 $\text{LCS}_{\text{Lwrist}}$ 和 $\text{LCS}_{\text{Rwrist}}$ 中的相对坐标位置；T_{Rwrist}、T_{Lwrist} 和 R_{Lwrist}、R_{Rwrist} 为初始状态 $\text{LCS}_{\text{Lwrist}}$ 和 $\text{LCS}_{\text{Rwrist}}$ 对应于 PTCS 的平移变换矩阵和旋转变换矩阵。

④ 当通过式(5.24)和(5.25)计算出左右手腕关节点在 WCS 中的

空间位置，以及 LCS_{Lwrist} 和 LCS_{Rwrist} 相对 WCS 发生的旋转运动，便能够获取 LCS_{Lwrist} 和 LCS_{Rwrist} 中各坐标轴的方向矢量信息。

⑤ 如图 5.17 所示，当确定 LCS_{Lwrist} 和 LCS_{Rwrist} 中 x 轴的方向矢量后，便可以确定虚拟人体中左右小臂骨骼在 WCS 中的方向，进而根据式(5.24)计算出的左右手腕节点 t 时刻在 WCS 中的空间位置 $P_{Lwrist}(t)$ 和 $P_{Rwrist}(t)$，以及小臂的长度 l，便能够计算出两个肘关节点 t 时刻在 WCS 中的空间位置 $P_{Lelbow}(t)$ 和 $P_{Relbow}(\mathrm{t})$。

⑥ 在确定 $P_{Lelbow}(t)$ 和 $P_{Relbow}(t)$ 后，根据 t 时刻两肩关节点（Marker 点不会被遮挡）在 WCS 中的空间位置 $P_{Lshoulder}(t)$ 和 $P_{Rshoulder}(t)$，便能够计算出虚拟人体两个大臂的方向矢量，即确定两个肘部关节点的局部坐标系在 WCS 中的空间位置和姿态。

⑦ 根据计算出的虚拟人体肘部关节点 t 时刻的空间位置，以及大臂、小臂的姿态，便可以确定虚拟人体在 CVME 中相应的维修操作动作。同时，根据式(5.15)和式(5.16)还能够计算出虚拟人体手腕关节点和肘部关节点的局部坐标系信息，建立与其父节点坐标系之间的相互转换关系，从而实现两手臂部位 Marker 点被遮挡后的运动数据信息补偿。

5.4.4　CVM 中人机交互特征建模

在大型复杂装备的 CVM 过程中，对于多个虚拟维修人员的协同操作动作的交互控制，主要集中于手臂和手部两个部位对装配体的拆卸、装配及维修操作的动作仿真及决策控制。虚拟人体手臂部分的交互控制是由维修训练人员的运动捕捉数据实时驱动的，具有较好的自主性，维修训练人员能够进行实时的调整和控制，实现与其他成员之间的协同和配合。

对于虚拟人体手部的具体维修操作动作，根据装备中各零部件及其所需工具的维修特征类型，如表 5.1 和表 5.2 所示，则具有多种不同的操作动作类型以及相应的交互特征。文献[6]根据维修操作与被维修对象之间行为特征的相关性,以及维修操作对象的不同类型,通过对工具和零部件之间相对位置的约束关系,进而描述工具和被维修对象之间的交互特征,但是缺乏对于手部与工具之间交互特征的描述。文献[180]将 Agent 与虚拟环境交互过程中的通用描述存储在交互物体上,通过绑定在交互面上的一组交互行为来控制用户与虚拟物体之间的交互,虽然能够描述虚拟环境中的某些交互过程,然而对于复杂物体的交互面难以指定,同时也难以实现多个虚拟人体与同一物体的交互。文献[181]提出一种基于交互区和状态机的人-物体之间的交互特征建模方法,通过交互区、交互状态和交互控制器实现物体对用户操作意图的理解和交互行为的监测,能够有效地实现使用工具的复杂装配操作以及对装配流程的管理控制。

表 5.1　装配体中各类零部件的维修特征描述

编号	零件类别	作用说明	拆/装方向	使用工具	拆装方法备注
1	螺栓、螺柱	连接、紧固	轴线方向	扳手	拧紧、拧松
2	螺母			起子、扳手	旋入、旋出
3	螺钉				旋入、旋出
4	垫圈、垫片	支撑、调整		徒手	放入、取出
5	销钉	定位、夹紧		软锤、冲子或徒手	敲击、取出
6	弹簧	抗震、传力		钳子	伸缩处理
7	挡圈	定位、夹紧挡		挡圈钳	变形处理
8	铆钉	连接、紧固		硬锤、钢模	
9	轴承	支撑		软锤、钳子、套筒、拉力器	放入、取出
10	密封件	密封	变形轴线方向	钳子、刀具	强制拆、装
11	键	连接、定位	指定	软锤、冲子	敲击、取出
12	卡箍	卡紧/定位		钳子、刀具	强制拆、装

表 5.2　各类维修工具的维修特征描述

编号	类别	工具描述	使用描述	运动描述
1	手	徒手(或戴手套)		用户控制移动
2	旋具	一字槽螺丝刀、十字槽螺丝刀、电动螺丝刀	(撬)、拧	(旋绕某点转动)、绕轴线旋转
3	钳类	尖嘴钳、扁嘴钳、剪钳	夹	绕铰点夹合运动
4	锤类	肩头锤、尖头锤	敲击	摆动
5	扳手类	固定扳手、力矩扳手、套筒扳手、棘轮扳手、梅花扳手、其他扳手	拧	绕中心点旋转
6	器械设备	钻孔机	旋转	人控制移动
		刀	划	
		烙铁	焊	
		计量器、检测仪	接触	
		吊车	起吊、移走、下放	
		清洁工具	冲洗、擦拭、吹干	
		照明设备		
		专用工具		

针对大型复杂装备 CVM 中人机交互控制的具体需求，我们基于手部动作描述信息模型和 CVM 操作过程模型对其涉及的人机交互特征进行建模，从而实现对协同式维修操作过程中多个维修人员与工具和维修对象之间交互行为的描述和控制。其具体的实现流程如下。

① 建立手部动作描述信息模型。虚拟维修人员的手部动作是由数据手套实时驱动的，光纤传感器的不同数据组合信息映射了相应的操作动作手势。为了对手部操作动作类型及其意图进行描述，根据不同维修操作动作的交互特征，建立手部动作的描述信息模型 HGIM 为

$$\mathrm{HGIM}=[F_1,F_2,\cdots,F_i,\cdots,F_n,M] \tag{5.27}$$

其中，$F_i=[f_{i1},\cdots,f_{ij},\cdots,f_{ik}]^{\mathrm{T}}(i=1,2,\cdots,n;1\leqslant j\leqslant k)$为第 i 个传感器通过 N 均值聚类方法得到的不同操作动作手势中心数据向量集，n 为数据手套中传感器个数，k 为手势动作总数目；f_{ij} 表示第 j 个操作动

作手势中第 i 个传感器所对应的聚类中心数据值；$M=[m_1,\cdots,m_j,\cdots,m_k]^{\mathrm{T}}$ 为第 j 个手势动作的行为描述集，可以反映第 j 个手势动作的类型、能力和意图信息。

基于式(5.27)，通过将传感器获取的手部运动数据与 HGIM 中的手势元素进行比较，并将其归为距离最近的手势类型，即

$$\mathrm{HG}=\min_{j}\left[\sum_{i=1}^{n}\| f_i-f_{ij}\|\right] \tag{5.28}$$

其中，f_i 为第 i 个传感器的实时测量数据。

考虑光纤传感器的精度限制和突变问题，通过滤波处理将小于预设变化范围和时间范围的数据，作为干扰和突变手势处理，将其过滤并保持当前的手势状态。

② 建立工具与维修对象的交互感知区域。为了能够反映虚拟人体手部对工具和装备零部件进行的操作动作，利用碰撞检测技术建立其交互感知区域。当虚拟人体手部与其发生碰撞时，通过获取操作动作手势的行为描述，工具与维修对象将执行其所需进行的响应操作，从而使手部、工具和维修对象之间可以进行对等的相互感知，而对于感知后的相应处理，则需要通过建立交互处理模型进行分析和响应。

③ 交互类型及其特征信息描述。维修操作中的交互类型主要有手部对工具的使用交互、手部对零部件的直接操作以及通过工具对零部件进行的间接操作。对应于表 5.1 和 5.2 的描述，可以将手部操作动作的交互行为分为手部对工具的使用交互、手部对零部件直接或使用工具的交互操作。前者主要是由不同手势的行为描述信息，来确定手部对工具的操作交互。后者则是通过手势的行为描述信息和 MOPM_CVM 中零部件对应的维修操作信息，来确定手部、工具和零部件之间的交互行为，即将手部当做一种特殊的维修工具。工具和零部件的交互状态有空闲和占用两种，只有当其处于空闲状态时才能对相应的操作动作做出响应。

④ 交互响应处理模型。对于手部与工具的使用交互，当手部到达工具的交互感知区域时，工具会对手势动作信息进行感知，当满足相应的拿取手势且工具处于空闲状态时，工具将以相对固定的工作姿态实现与手部的位置约束，并跟随手部进行相应的空间姿态变换。而对手部与零部件的直接交互或者使用工具的间接交互，当手部或是工具到达零部件的交互感知区域时，通过 MOPM_CVM 首先判断维修工具的类型是否正确，当工具为零部件所需的工具类型后，需要对工具的操作动作进行判断，当操作动作及方式正确且零部件处于空闲状态时，零部件才对其操作动作进行响应。

如式(4.7)的描述，零部件 a_i 所需要的工具为 M16 的固定扳手，当手部握该扳手进行旋转操作时，零部件 a_i 才会根据旋转的方向和角度大小，进行相应的旋出或旋入运动仿真作为响应。

5.4.5　协同式人机交互控制模型

大型复杂装备 CVMT 中的协同式人机交互控制，主要包括对多个虚拟维修人员的空间姿态和运功仿真控制，以及相应的维修操作动作控制。

(1) 多虚拟维修人员协同运动仿真控制

对于多个虚拟维修人员的空间姿态和协同运功仿真控制，主要是通过光学式人体运动捕捉系统和电磁式空间位置跟踪系统相互配合进行实时驱动的。通过对多个维修训练人员身上 Marker 点的分组匹配和数据处理[172-175,177-179]，便可以实时地对 CVME 中不同虚拟维修人员进行相应的运动驱动和交互控制。其相互之间的协同运动配合是根据维修对象、维修资源在 CVME 中的空间位置，以及装备零部件的维修操作规程，由不同的维修训练人员进行自主决策和控制的，从而能够根据具体的环境情况，由受训人员进行实时的调整和控制，具有较高的实时性、自主性和协同性。

（2）多虚拟维修人员协同操作动作控制

对于多个虚拟维修人员的协同操作动作控制，主要集中于装备协同维修操作过程中，虚拟人体手部与工具、零部件之间的交互操作。根据装备中各零部件及所需工具的维修特征类型，其具有多种不同的操作动作类型。同时，该过程是虚拟维修人员通过手部操作或使用工具对零部件进行的拆卸和装配过程仿真，其具有各不相同的交互特征。由此可知，多虚拟维修人员的协同操作动作不但受到 HGIM 和 MOPM_CVM 的管理和控制，而且需要对该过程中产生的数据信息通信和协同交互进行控制和处理。

为此，针对大型复杂装备 CVMT 中多个维修训练人员之间的人机交互特征和协同式维修操作特征，基于不同维修任务的规划、分配、决策，以及相应的 CVM 操作过程模型，可以建立大型复杂装备 CVMT 中的 CHCICM，其工作原理及组成结构如图 5.18 所示。通过对多个维修训练人员经 VR 设备操作输入的数据信息进行分析和处理，然后根据维修任务分配和协同操作仿真需求，利用建立的仿真时间同步管理和并发冲突控制机制，限制不合理的操作请求，可以实现多个虚拟维修人员对维修对象、维修资源的交互操作与运动控制，以及相互之间的协同配合操作。

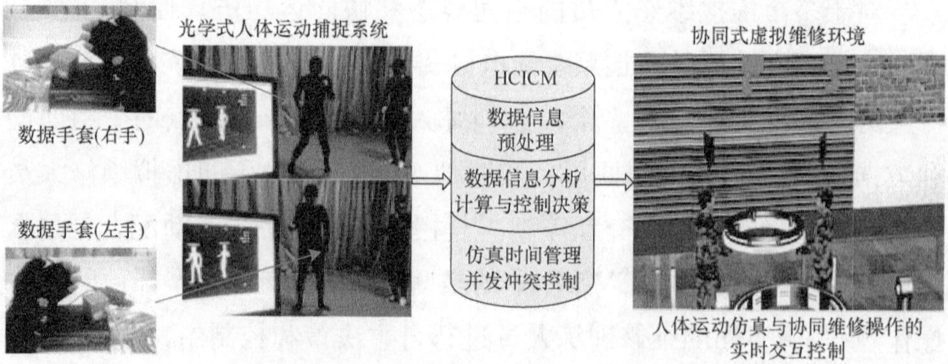

图 5.18　CHCICM 工作原理及组成结构示意图

当多个维修训练人员协同进行某个维修操作时，首先需要根据相应的人机交互特征模型，对各虚拟人体手部、工具和零部件的交互进行分析和决策。当满足交互特征条件时，还需要获取工具、零部件的所有权才能进行相应的维修操作。对于 CVMT 操作，不但要在本地节点处理这些交互操作过程，同时还要对多个维修训练人员协同操作时造成的并发冲突进行处理。当多个训练人员同时维修同一对象时，就可能发生并发操作冲突现象。CHCICM 采用所有权管理来实现协同操作中的并发冲突控制，并发冲突控制机制保证在任何情况下同一个对象或其某一属性的所有权只能由一个用户所有。

CHCICM 主要的仿真实现流程如图 5.19 所示。仿真开始时，维修人员操作训练联邦成员并不拥有任何工具或维修对象的所有权，只有获取到所需工具和被维修零部件的所有权后，才能成功地进行相应的

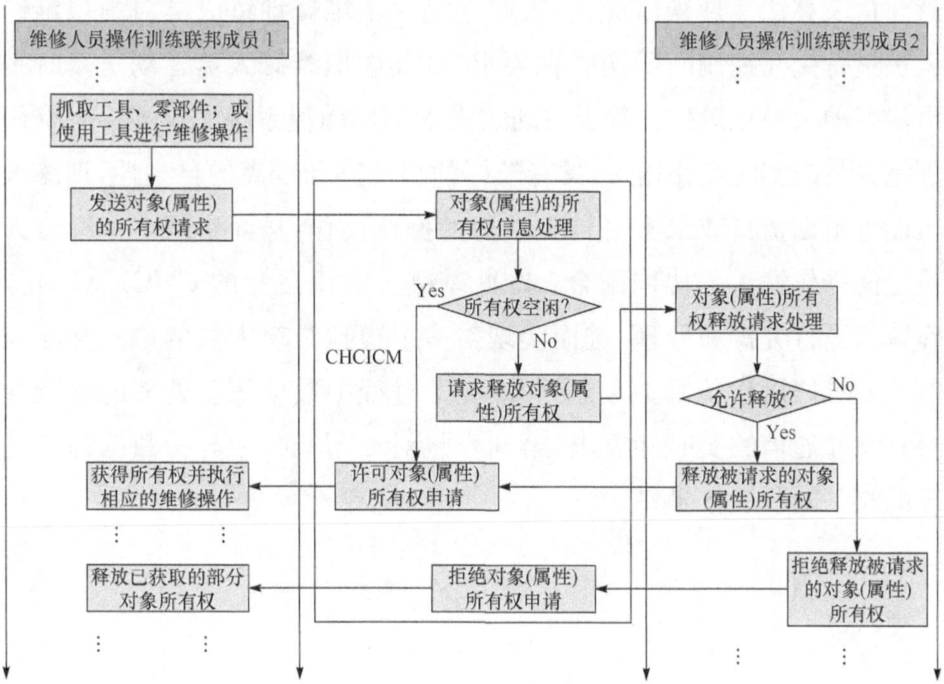

图 5.19　CHCICM 仿真实现流程示意图

维修操作,并负责对 CVME 中该对象进行状态信息更新,其他联邦成员则接收该对象的更新信息,用于同步更新本地的场景模型。当其他联邦成员拥有所请求的对象所有权时,CHCICM 通过协商机制请求该联邦成员释放所有权,从而实现所有权在多个维修训练人员之间的相互转移。当完成当前维修操作后,本地联邦成员向 CHCICM 归还对象所有权,以供其他联邦成员使用。若某个联邦成员节点发生异常,则 CHCICM 收回其拥有的对象所有权。

5.5 小　　结

基于简化骨架模型和表面皮肤模型建立的虚拟人体模型,不但具有较高逼真度和真实感的外貌形象,而且能够使其运动仿真和皮肤变形建模及算法实现得以简化,较好地满足了维修训练人员对虚拟维修人员进行交互控制时的实时性要求,以及虚拟维修人员运动仿真时平滑流畅的可视化效果。基于被动式光学动作捕捉系统实现了多个维修训练人员的实时操作输入,具有较好的沉浸感和较高的自主性,训练人员能够根据仿真效果实时调整自身的操作动作,从而实现多个维修人员之间操作输入的协同配合。在此基础上利用建立的 CHCICM 对操作输入进行分析和处理,进而实现对多个虚拟维修人员的协同交互控制及其维修操作仿真。考虑到 CVMT 过程中数据信息处理的复杂性及其交互通信的实时性要求,第 6 章将对 CVMTS 中异构数据信息处理的相关问题进行研究。

第6章　CVMTS中异构数据信息的交互通信与协同处理

6.1　引　言

大型复杂装备CVMTS涉及的数据信息主要有与维修过程密切相关的三维CAD数据、对象信息模型、各类过程模型、人机交互控制模型、虚拟人体运动仿真模型、交互控制信息，以及底层数据库等。这些仿真模型中的数据信息不但具有不同的数据格式，而且具有不同的内容结构和知识表达。同时，受到不同领域仿真开发与运行软件语言环境的影响，具有较强的异构性。

要实现CVMTS中异构数据信息的交互通信和协同交互处理，必须建立标准化的异构数据信息映射模板或模型，对各类仿真模型中的异构数据信息进行有效的映射转换和动态调用。通过异构数据信息的转换映射机制，保证CVMTS中各节点中的异构数据信息具有可交互性，能够以统一的数据模板进行交互通信。同时，为了避免数据信息交互通信中的散乱、无序状态，还必须创建相应的交互通信和分发管理策略，使标准化转换后的各类数据信息能够可靠有序地进行交互通信。为了避免多个维修人员协同访问和操作时的并发冲突，以及多个用户节点出现的状态不一致问题，需要对CVMT过程中的并发冲突类型及机理进行研究，并建立相应的并发冲突控制策略对其进行有效的处理，同时建立仿真时间管理机制确保各用户节点状态信息的一致更新。

6.2　CVMTS 中异构数据信息的分发管理

6.2.1　CVMTS 中异构数据信息描述需求分析

大型复杂装备 CVMTS 中各类仿真模型的数据信息，描述了其在 CVM 操作过程中所需的对象信息、状态信息、交互信息及其相应的行为方式。然而，由于这些仿真模型具有不同的内容结构及功能实现，需要针对各仿真模型中数据信息的知识表达和交互通信需求，对其交互数据信息的描述进行分析，从而为标准化异构数据信息映射模板的内容结构设计，提供相应的参考依据。

(1) 对象信息模型交互需求

其需要进行交互的数据信息主要包括维修对象和维修资源自身的属性信息，及其与维修过程相关的各种行为特性。例如，装备零部件和维修资源的 ID 编号、类型、CAD 数据、空间位置、行为特性、工艺特征、运行状态、维修序列、协同属性等数据信息。

(2) 维修任务过程模型交互需求

维修任务过程模型主要有不同层次维修任务的组成结构及其逻辑关系信息，以及承担相应维修任务的维修操作人员分配信息。在进行任务分配和决策分析过程中，维修任务过程模型需要向各维修人员操作训练节点发送其所要完成的维修操作信息，即按照什么样的顺序来执行相应的维修操作，针对不同的维修对象需要进行什么样的维修操作等。同时，还要通过维修任务的完成状态及其目标信息的交互，实现对不同维修人员所承担操作任务的分配和决策。

(3) CVM 操作过程模型交互需求

主要是 MOPM_CVM 中各个元素的内容及其属性信息，即进行零部件拆卸操作过程中各维修人员操作训练节点所必需的共用信息。各元素不同的内容信息及其属性参数描述了其在维修操作过程中的相应状态和行为特征，在交互通信的过程中，需要与对象信息模型和维修任务过程模型中的相关数据信息保持一致。

(4) 人机交互控制及人体运动仿真模型交互需求

主要是 CHCICM 所描述的人机交互控制过程中的各类信息，即虚拟维修人员的人体运动数据信息、手部动作描述信息，以及与维修对象、维修资源的交互特征及状态信息，在维修操作过程中，需要实时地与其他数据信息进行交互通信和协同处理。

基于以上分析可知，CVMTS 中的异构数据信息虽然具有不同的数据格式、内容结构和知识表达，但都是对维修操作过程相关要素的状态及其行为描述。在维修操作过程中，虽然与其相关的数据信息描述及交互需求是动态变化的，但是针对某一维修操作对象而言却是相对固定的。为此，可以结合 HLA 中 SOM 和 FOM 的描述形式，将维修操作过程中的各类要素作为不同的对象及其实例，通过定义不同实例对应的属性和状态参数来描述其具体的行为特性。

6.2.2 基于 XML 的异构数据信息描述

XML 具有自描述和跨平台能力，通过粒状划分能够对不同领域的复杂数据信息进行表示和交换，且具有较好的扩展性。XML 利用文档对象模型(document object model，DOM)作为对象化的数据接口，能够对不同数据结构信息进行遍历、读取和编辑，能够较好地满足不同实体模型规则的转换、存储、获取和修改。为此，CVMTS 基于 XML 建立标准化的 OIT 对各类实体对象和过程模型的异构数据信息，进行标准化描述和转换。

根据 CVMTS 中异构数据信息的描述分析，可以将对象信息按照对象结构信息模型和过程结构信息模型进行描述。对象结构信息模型主要用于描述各类实体(零部件、维修人员、维修工具、维修资源等)和抽象化行为对象(维修操作、运动方式、交互特征等)的属性及状态信息。过程结构信息模型主要用于描述与维修任务及其维修操作过程相关的各类要素信息，包含相应对象的某些属性、状态及行为信息，从而通过 XML 的层次化结构和自主性描述，OIT 能够实现对象结构信息模型和过程结构信息模型的统一化描述。

如图 6.1 所示为基于 XML 设计的维修任务集 OIT 层次化结构，在相应的 XML 文档中，通过树状结构的嵌套来描述不同层次维修任务及其相应维修操作的组成信息。为了简化 OIT 的层次结构，便于 CVMTS 的扩展和重用，在描述维修操作过程的信息结构模型中，不再对具体的维修操作信息进行详细描述，而是用独立的 OIT 对各维修操作的相关信息进行详细描述。如图 6.2 所示为某维修任务的 OIT 文档描述信息，在进行数据信息处理时通过 Maintenance_Operationlist 的 Name，ID 和 Content 信息，便可以确定并获取相应的维修操作 OIT 信息。

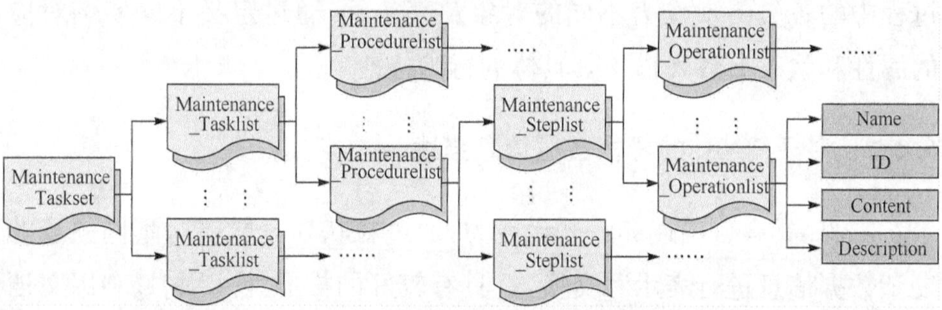

图 6.1　维修任务集 OIT 层次化结构

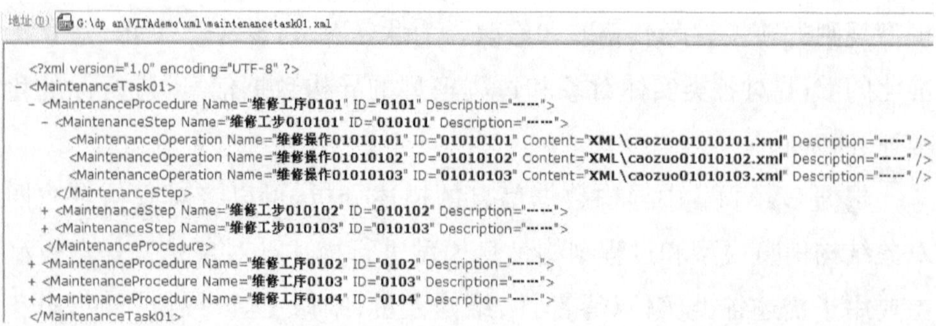

```
地址(D) G:\dp an\VITAdemo\xml\maintenancetask01.xml

  <?xml version="1.0" encoding="UTF-8" ?>
- <MaintenanceTask01>
  - <MaintenanceProcedure Name="维修工序0101" ID="0101" Description="……">
    - <MaintenanceStep Name="维修工步010101" ID="010101" Description="……">
        <MaintenanceOperation Name="维修操作01010101" ID="01010101" Content="XML\caozuo01010101.xml" Description="……" />
        <MaintenanceOperation Name="维修操作01010102" ID="01010102" Content="XML\caozuo01010102.xml" Description="……" />
        <MaintenanceOperation Name="维修操作01010103" ID="01010103" Content="XML\caozuo01010103.xml" Description="……" />
      </MaintenanceStep>
    + <MaintenanceStep Name="维修工步010102" ID="010102" Description="……">
    + <MaintenanceStep Name="维修工步010103" ID="010103" Description="……">
    </MaintenanceProcedure>
  + <MaintenanceProcedure Name="维修工序0102" ID="0102" Description="……">
  + <MaintenanceProcedure Name="维修工序0103" ID="0103" Description="……">
  + <MaintenanceProcedure Name="维修工序0104" ID="0104" Description="……">
  </MaintenanceTask01>
```

图 6.2　维修任务 OIT 描述文档

维修操作对应的 OIT 组成结构如图 6.3 所示。通过对其进行访问便可获取所需的属性和状态数据信息，并根据仿真需求进行交互通信，同时利用修改操作对更新后的属性和状态信息进行实时储存。对象信息主要描述与维修操作过程相关的部分属性和状态信息，为了能够详

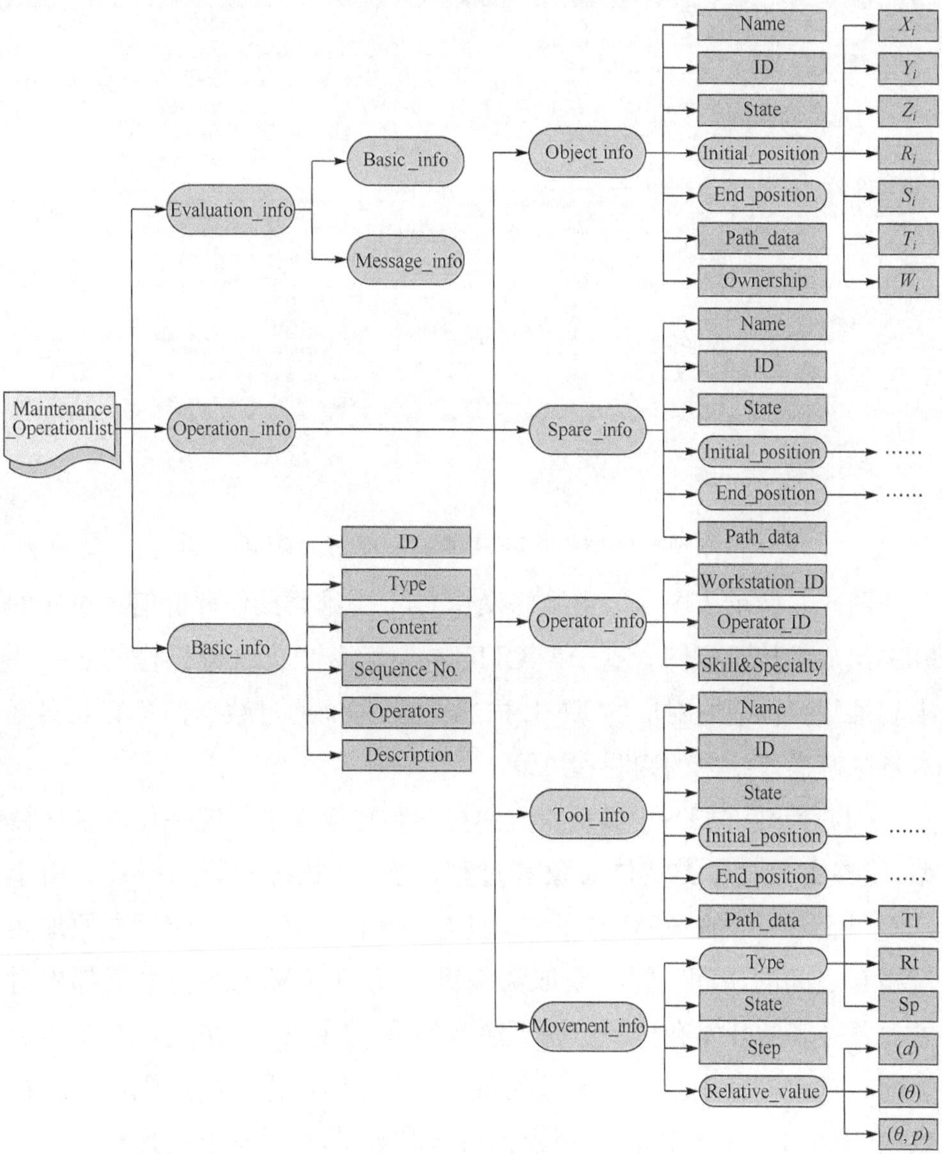

图 6.3　维修操作 OIT 层次化组成结构

细地描述实体对象的数据信息，通过建立相应的 OIT 对大型复杂装备子系统中装配体的零部件数据库信息进行访问和编辑，从而对所需的各类属性和状态信息进行描述。如图 6.4 所示为某子系统中零部件 OIT 的描述文档。

```xml
<?xml version="1.0" encoding="UTF-8"?>
<DataTemplate>
    <SubSystem name="SubsystemName" handle="01" type="hydraulic" contentConfig="Default" description="introduction of this subsystem">
        <Component name="part_1" handle="0101" type="hydraulic" state="ON/OFF" description="introduction of this component">
            <Content type="3D model" state="normal/failure" attribute1="assemsequence" value1="01" attribute2="position" value2="x,y,z,r.p,h" .../>
             <Content type="parameter" state="normal/failure" attribute1="pressure" value1="19.6Mpa" attribute2="flowrate" value2="29.6L/min"/>
        </Component>
        <Component name="part_2" handle="0102" type="hydraulic" state="ON/OFF" description="introduction of this subsystem">
            <Content type="3D model" state="normal/failure" attribute1="assemsequence" value1="02" attribute2="position" value2="x,y,z,r.p,h" .../>
             <Content type="parameter" state="normal/failure" attribute1="pressure" value1="15.6Mpa" attribute2="flowrate" value2="29.2L/min"/>
        </Component>
        ......
    </SubSystem>
    <SubSystem name="SubsystemName" handle="02" type="electronic" contentConfig="Default" description="introduction of this subsystem">
        <Component name="part_1" handle="0201" type="electronic" state="ON/OFF" description="introduction of this component">
            <Content type="3D model" state="normal/failure" attribute1="assemsequence" value1="01" attribute2="position" value2="x,y,z,r.p,h" .../>
             <Content type="parameter" state="normal/failure" attribute1="voltage" value1="5V" attribute2="currentvalue" value2="0.2A"/>
        </Component>
        <Component name="part_2" handle="0202" type="electronic" state="ON/OFF" description="introduction of this component">
            <Content type="3D model" state="normal/failure" attribute1="assemsequence" value1="02" attribute2="position" value2="x,y,z,r.p,h" .../>
             <Content type="parameter" state="normal/failure" attribute1="voltage" value1="12V" attribute2="currentvalue" value2="0.6A"/>
        </Component>
        ......
    </SubSystem>
    <SubSystem name="SubsystemName" handle="03" type="mechanical" contentConfig="Default" description="introduction of this subsystem">
        <Component name="part_1" handle="0301" type="mechanical" state="ON/OFF" description="introduction of this component">
            <Content type="3D model" state="normal/failure" attribute1="assemsequence" value1="01" attribute2="position" value2="x,y,z,r.p,h" .../>
             <Content type="parameter" state="normal/failure" attribute1="speed" value1="0.01m/s" attribute2="acceleration" value2="0.001m/s2"/>
        </Component>
        <Component name="part_2" handle="0302" type="mechanical" state="ON/OFF" description="introduction of this subsystem">
            <Content type="3D model" state="normal/failure" attribute1="assemsequence" value1="02" attribute2="position" value2="x,y,z,r.p,h" .../>
             <Content type="parameter" state="normal/failure" attribute1="speed" value1="0.025m/s" attribute2="acceleration" value2="0.002m/s2"/>
        </Component>
        ......
    </SubSystem>
    ......
</DataTemplate>
```

图 6.4　装备子系统中零部件 OIT 描述文档

图 6.5 所示为图 6.3 中维修操作 OIT 中维修操作评价信息对应的 OIT 组成结构示意图。基于该 OIT 结构模型，根据维修操作的任务要求和维修目标建立对应的 XML 描述文档，进而通过数据信息交互实现对各维修操作结果的判断和决策。

OIT 为 CVMTS 中异构信息的描述和转换提供了统一化的结构模型，能够实现对各类实体对象和过程的属性、状态和行为描述。由于 OIT 与 HLA 中的 SOM 和 FOM 具有一致的描述形式，能够方便地实现相互之间的访问、转换、获取和编辑等，便于 CVMTS 仿真联邦中对象类属性表的开发和扩展。需要注意的是，在具体开发过程中，要尽可能地对 CVMTS 中各类实体对象和过程模型信息进行高度概括化和抽象化，简化 HLA 中对象类的设计，减少其数量，通过动态创建对象类实例来提高系统的运行效率。

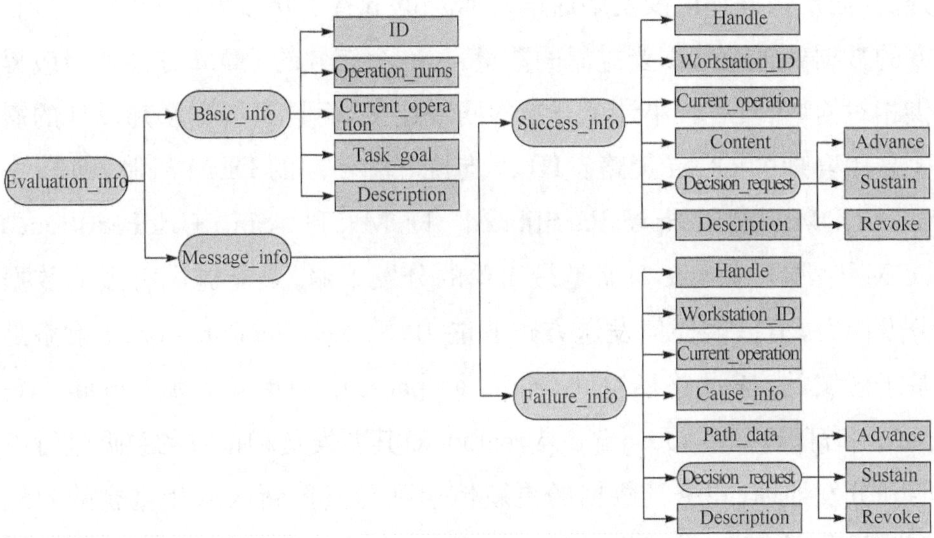

图6.5 维修操作评价OIT组成结构

6.2.3 CVMTS中的DDM优化方案

为了对CVMTS中的复杂数据信息进行有效的交互通信和分发管理,首先需要根据各类信息描述的实体对象及其行为特征,将其抽象为SOM和FOM所描述的对象类和交互类,并根据具体的仿真任务需求对不同的实体对象进行动态实例化。进而利用HLA的DDM服务对各对象类及其实例属性、交互类及其实例进行过滤和分发处理,确保CVMT中数据信息的可靠传输和交互通信。

HLA的声明管理(declaration management,DM)实现了类(对象类属性和交互类参数)层次上的数据过滤,DDM则在类层次过滤的基础上实现了实例层次上的数据过滤。它可以提供一种灵活的机制,使联邦中各数据发送成员具有过滤能力,减少仿真运行过程中无用数据的传输和接收,从而有效地解决大型复杂系统中的数据通信和分发问题。对一个联邦执行来说,DDM的主要目的是提供发送方过滤能力。由于其能够在更新和交互事件发送前进行过滤,不但节省了发送数据方的开销(如发送处理以及网络通信),而且也节省了接收方的开销(如接收方的数据处理及其需要过滤的数量)。一个有效的 DDM 方案不但应提供相对简单、具有较小计算开销的网络连接,而且要根据联邦设计的需要采用合理的 DDM 策略。HLA 支持三种不同的 DDM 机制,即 Simple DDM、StaticSpacePartitioned DDM 和 StaticGridPartitioned DDM[115,182]。Simple 策略是最简单的分发策略,只能提供有限的数据分发能力,不提供任何发送方过滤能力;StaticSpacePartitioned 策略是基于区域的,通过路径空间(routing space)中的更新区域(update region)和订购区域(subscription region)对其要发送和接收的数据进行声明和分发处理,并将其数据的更新传递到与其更新区域相重叠的异地订购成员处;StaticGridPartitioned 策略是对 StaticSpacePartitioned 策略的改进和扩展,其同时具有发送方和接收方的双向数据过滤能力,为大型复杂系统的数据分发提供了一种有效的解决途径。

然而,StaticSpacePartitioned 和 StaticGridPartitioned 策略将路径空间中的可靠(reliable)和快速(best effort)逻辑通道,分别映射到一个单独的 TCP/IP 连接和组播组。由于网络底层能支持的组播组是有限的,在广域网运行的复杂仿真系统对组播组的不必要占有,也会导致组播地址的重用,增加额外的接收方过滤开销,从而引起数据传输的滞后。为解决此问题,文献[183]提出只给当前有公布区域和订购区域重叠的网格单元分配一个组播地址,最后把位于重叠网格单元里的公布数据传递给相应的订购成员;文献[184]提出将联邦中的一个对象实例关联一个组播组,将联邦成员公布的一个交互类关联一个组播组,使联邦成员能够动态地加入或退出组播组,从而充分地利用组播地址;文献[185],[186]提出动态分配组播地址的方案,只给当前有公布区域和订购区域重叠的网格单元分配一个组播地址;文献[187]为了进一步优化区域的设计和减少组播的分配,提出一种基于 StaticGridPartitioned 的多层次区域面序列与多层次路径空间序列的 DDM 优化方案。

针对 CVMTS 的具体仿真需求，我们利用基于多层次路径空间序列的 DDM 方案，对各类数据信息进行路径空间、发送/接收区域的声明，以及数据过滤和分发处理。其具体的实现过程如下。

① 在联邦执行数据文件(federation execution data，FED)中声明三维路径空间时，将其某一维上的上下限间隔仅取为一个单位或是一个点，而在其他维上取适当的上下限，形成路径空间序列。如图 6.6 所示的路径空间 RS_a：{X：0-300，Y：0-300，Z：1}和路径空间 RS_b：{X：0-300，Y：0-200，Z：2}。

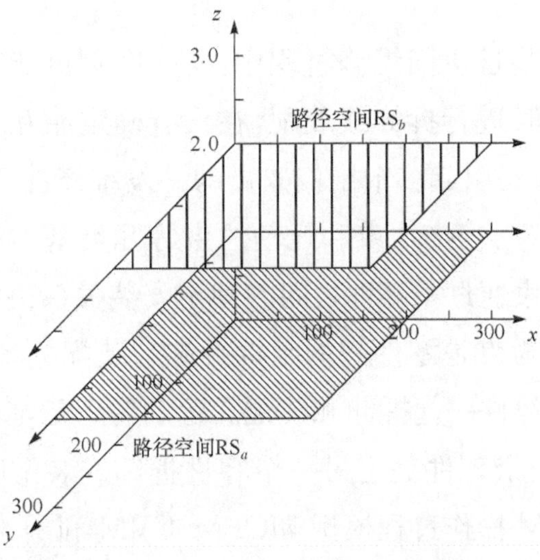

图 6.6　路径空间序列组成结构示意图

② 为每一个维修任务操作过程中的数据信息创建相对独立的路径空间，利用不同的路径空间对相应维修操作中的数据信息进行层次化过滤和分发，避免不同维修任务操作过程中众多对象实例属性、交互实例的更新和接收区域的重叠，降低开发的难度和复杂度。

③ 在相应的路径空间中，根据具体维修任务及其操作过程中的数据信息交互需求，声明各对象实例属性和交互实例的更新和接收区域。同时，优化区域设计和匹配算法，减少对组播组的不必要占有，提高数

据过滤和分发效率。

④ 在进行仿真系统扩展时,可以将原有的或新设计的路径空间加入该序列,不但可以避免无序状态下多个路径空间中数据信息对网络资源的过多占有,而且不影响其原有的数据过滤和分发机制,极其便于扩展和重用。

6.3 CVMTS 中的并发冲突控制策略

6.3.1 CVMTS 中的并发冲突类型

在大型复杂装备协同维修过程中,同一时刻可能有多个维修人员对多个零部件同时进行拆卸或装配,在没有确定相互之间的逻辑顺序和协同关系时,极易引起多个维修人员的并发维修冲突。然而,零部件之间存在定位约束、连接约束和运动约束等几类基本的拆卸与装配约束关系。定位约束通过零部件之间的固定安装关系决定零部件的先后拆卸顺序。连接约束是零件间的组件拆卸与装配关系,即固定在一起的零件可以作为组件一起拆卸和装配。运动约束是零件间的拆卸与装配运动关系,即一个零件决定另一个零件拆卸或装配时的运动方式及方向。为此,CVM 操作过程模型 MOPM_CVM 利用这些约束关系,通过规划零部件的拆装顺序、连接关系和运动方式,便确定了对应的拆卸和装配操作逻辑顺序,以及维修人员之间的协同关系,从而避免由于缺乏规范的维修操作逻辑顺序和协同关系而引起的并发操作冲突。

然而,在大型复杂装备 CVM 过程中,多个维修人员进行并行协同维修操作时,被维修零部件及其所需的维修资源可能为同一个实体对象。当多个维修人员同时对一个实体对象模型进行并发访问或操作时,该实体对象的所有权就会发生冲突,从而导致当前的维修操作无法被 CVMTS 执行。根据并行协同维修操作过程的行为特性,可以将 CVMTS 中的并发冲突分为以下几种类型。

① 多个维修人员同时要使用同一个维修资源，然而该维修资源具有独占性，同一时刻只能被一个维修人员拥有使用权。例如，在并行维修操作过程中，多个维修人员都需要使用某一专用工具或设备进行维修操作时。

② 多个维修人员同时要对同一个零部件进行维修操作，然而该零部件具有独占性，同一时刻只能被一个维修人员拥有操作权。例如，对于能够进行并行维修的装配体或零部件，多个维修人员想要同时进行其所承担的维修操作时。

③ 多个维修人员同时要使用同一个维修资源，且该维修资源需要多个维修人员配合使用。例如，多个维修人员配合使用同一个维修工具或设备进行相应的维修操作。

④ 多个维修人员同时要对同一个零部件进行维修操作，且该零部件需要多个维修人员相互配合进行维修操作。例如，多个维修人员配合搬运、拆卸和安装体积较大的零部件。

对于①和②中的情况，由于维修资源和零部件都具有独占性，因此类实体对象只能被其中某一个维修人员占用，当有其他维修人员同时进行操作请求时，就会引起数据信息的并行访问和操作冲突。对于③和④中的情况，虽然在实际维修操作过程中，维修资源和零部件可以同时被多个维修人员使用或操作，然而在 CVMTS 中由于数据信息的独一性，同样会引起数据信息的并行访问和操作冲突。由此可知，大型复杂装备 CVMT 中的并发冲突，均是由对象所有权的唯一性所引起的，为此需要通过有效的所有权管理方法对多个维修人员的并发操作请求进行协调处理，避免冲突的发生，并能够对发生的冲突进行有效的处理。

6.3.2　基于 HLA 所有权管理的并发冲突控制

HLA 中的所有权管理服务能够协调和管理联邦执行过程中各对

象实例及其属性所有权的转移，主要包括所有权的转让和获取两大类型。在RTI的支持下，某个联邦成员可以单独地拥有一个对象实例，则该联邦成员要独立负责更新与该对象实例相关的所有实例属性。同时，单个对象实例也可以由两个或者更多的联邦成员来分担其更新责任(即拥有)，则每个参与的联邦成员都负责对该对象实例的某个互斥的属性子集进行更新[115]。由于在仿真执行过程中的任意时刻，对象实例中的任何一个实例属性只能由一个联邦成员负责更新。若其他联邦成员想要分担该对象实例的更新职责，则该联邦成员必须将其拥有的部分实例属性的所有权转移给其他联邦成员。从而通过“推”和“拉”两种模式，实现各联邦成员对相应实例属性所有权的“转让”和“获取”。

HLA的所有权管理能够较好地支持多个用户节点之间的协同处理，同时支持多个用户节点分担对同个实体对象的更新责任，通过结合运用HLA/RTI的声明管理和对象管理等服务功能，能够较好地实现CVMTS中的并发冲突控制。图6.7所示为CVMTS中基于HLA所有权管理服务的并发冲突控制实现流程。并发冲突控制主要包括无主属性所有权获取控制、有主属性所有权获取控制和自主属性所有权主动转让控制等几种实现过程。无主属性的所有权令牌是由RTI管理的，且存在于某些联邦成员的本地RTI组件(local RTI component, LRC)中，其可以被任何成员获取。对于有主属性所有权则需要通过请求拥有者释放后，才能够获取相应实例属性的所有权。基于HLA所有权管理的并发冲突控制中，各类联邦大使(federate ambassador)和RTI大使(RTI ambassador)服务函数的具体功能及其用法可以参考文献[115]中第11章的相关内容。

当某个用户节点需要对单个实体对象的某些属性(如空间位置、姿态、速度等)进行更新时，只要当前用户节点拥有该实体对象相关属性的所有权，便可以对这些属性进行访问和状态更新操作；否则，当前用户节点将会向拥有该对象实例相关属性所有权的用户节点发起所有权

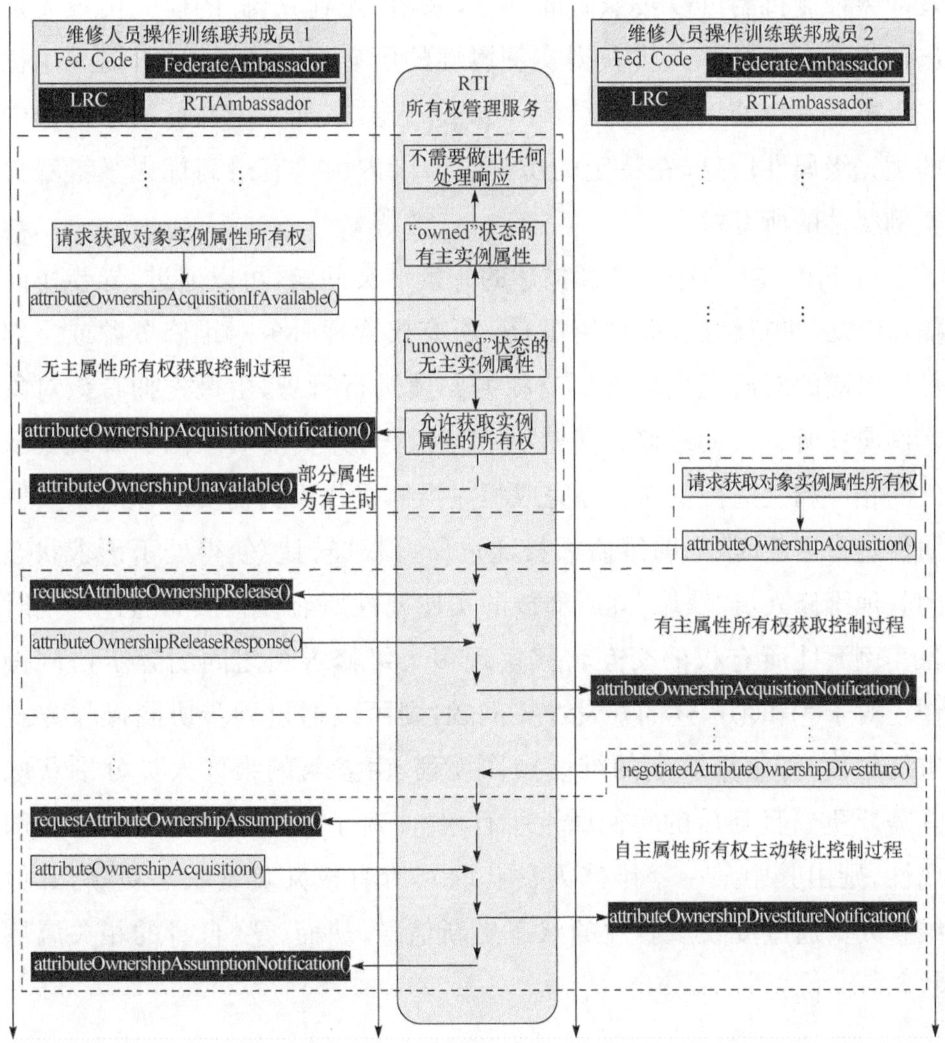

图 6.7　基于 HLA 所有权管理服务的并发冲突控制流程

请求，被请求的用户节点通过所有权“转让”给请求方节点，从而使其获得更新这些属性的权利，达到对该对象实例的状态更新操作。对于同一个对象实例的不同属性，所有权管理服务允许拥有其所有权的多个用户节点，可以同时对其负责的属性进行并行访问和更新，所以能够较好地避免 CVM 过程中的并发冲突。当有多个维修人员同时请求“获取”同一对象实例属性的所有权时，根据相应零部件维修操作规程，并发冲突控制机制可以按照时间顺序，采用“先到先得”的模式由最先发出请求消息的维修人员获得实例属性的所有权。同时，也可以采用优先级机制进行处理，通过设置不同维修人员在某一个并行维修操作中的优先级属性信息，在特定的仿真时间段内由具有最高优先级者获得实例属性的所有权。

对于6.3.1节中①和②描述的并发冲突问题，可以通过“异步协同操作”方式进行解决，即利用HLA所有权管理服务对维修资源或零部件所对应的对象实例属性所有权的归属进行管理，由最先拥有该对象实例属性所有权的维修人员进行相应操作，并负责对维修资源或零部件的相应属性进行更新。当完成相应维修操作不再需要对该对象实例属性进行更新时，当前维修人员通过所有权“转让”使得处于请求状态的其他维修人员“获取”其所释放的实例属性所有权。从而通过不同对象实例属性所有权的交互转移实现多个维修人员之间的异步协同操作。对于③和④描述的并发冲突问题，则可以通过同步协同操作方式进行解决，即根据既定的维修操作规程，由参与的维修人员分别获取其需要更新且互斥的实例属性所有权，而对于同一个需要更新的实例属性，则由其中某一个维修人员获取其所有权并负责状态更新，其他维修人员通过接收该属性的状态更新信息，从而改变自身的相关属性状态。

6.4 CVMTS仿真时间管理及数据一致性实现

在CVM过程中，多个维修人员的维修操作具有较强的并发性和协同性，且具有一定的不确定性。为了能够正确地描述真实的协同式维修过程，必须确保多个维修人员的维修操作在逻辑上的正确性，以及相互之间交互数据信息在逻辑上的有序性。此外，当某个维修人员进行维修操作引起CVME中各实体对象的状态和数据信息发生更新时，需要将更新后的状态和数据信息实时地发送至其他维修人员节点进行同步更新,确保任一时刻 CVME 中各节点的状态和数据信息有较好的一致性。

HLA 的时间管理服务通过提供相应的时间管理策略、消息传递机制和时间推进机制,能够支持 CVMTS 中不同联邦成员之间按照正确的逻辑顺序进行互操作,从而确保各联邦成员之间数据信息接收的时序一致性,以及联邦成员动态加入和退出联邦执行时的数据信息一致性。同时,通过 HLA 的联邦管理服务还能够实现多个成员之间的时间或逻辑同步处理,为 CVMTS 中数据一致性的实现提供了重要的解决途径。

6.4.1　CVMTS 仿真时间管理机制

CVMTS 仿真时间管理机制是基于 HLA/RTI 的时间管理服务建立的,其目的是确保 CVMTS 中各联邦成员发送和接收的信息在时间逻辑上的正确性和有序性。RTI 时间管理机制包括消息传递机制和时间推进机制两方面内容,且都与联邦成员的时间管理策略密切相关[115,188,189]。

(1) 消息传递机制

消息传递机制包括消息传输方式和消息传递顺序两方面的内容。消息传输方式具有可靠和快速两种类型。HLA 支持的消息传递顺序有接收顺序(receive order,RO)和时戳顺序(time stamp order,TSO)。不同类型的消息传递机制提供了不同的可靠性和传递顺序,需要根据联邦成员的具体需求,通过设置其时间管理策略来共同确定消息的发送和接收顺序。

(2) 时间推进机制

HLA/RTI 的联邦成员具有独立时间推进和协商时间推进两种方式,只有在协商时间推进方式下 RTI 才参与并协调成员之间的时间推进。HLA/RTI 的协商时间推进方式为联邦成员提供了保守和乐观两种时间推进机制。保守时间推进机制下的联邦成员可采用 4 种 HLA 标准服务进行时间推进，即 TAR(time advance request)、TARA(time advance request available)、NER(next event request)和 NERA(next event request available)。乐观时间推进机制下的联邦成员可采用 FQR (flush queue request)服务进行时间推进。

表 6.1 CVMTS 中各联邦成员时间管理机制

联邦成员类型	时间管理策略	时间推进方式
仿真运行管理	TR	TAR
协同维修仿真模型	TR 和 TC	TAR
维修人员操作训练	TR 和 TC	NER
沉浸式 VME	TC	TAR 或 NER

为保证 CVMTS 仿真联邦中所有成员都能以正确的时间和逻辑顺序，发送和接收自身所公布和订购的对象实例信息和交互实例信息，根据各联邦成员的角色实现和数据信息交互需求，设定各联邦成员的时间管理机制如表 6.1 所示。其中，TR 和 TC 分别为时间控制(time regulating)和时间受限(time constrained)。

在大型复杂装备 CVMT 过程中，各维修人员操作训练联邦成员在对维修对象或维修资源进行相应操作时，就会不断地触发事件，因此设定其以不定时间步长的事件推进方式 NER(t')请求逻辑时间的推进，从而促使其他联邦成员对相应的对象实例属性进行更新。仿真运行管理联邦成员以等步长的时间推进方式 TAR(t)推进 CVMTS 的逻辑时间，对状态容器中其他联邦成员的状态参数表进行定时刷新，其时间推进不受其他联邦成员影响，设置为时间控制(TR)。协同维修仿真模型联邦成员需要为维修人员操作训练联邦成员提供所需的各类数据信息，两者均为时间调整和时间受限状态(TR 和 TC)。协同维修仿真模型联邦成员以等步长的时间推进方式 TAR(t)请求逻辑时间的推进，保证以 TSO 方式进行数据发送和接收。沉浸式 VME 联邦成员仅需要与其他联邦成员保持同步，处于时间受限(TC)状态确保其以 TSO 方式发送所公布的对象参数的状态更新，并对所订购的对象参数的状态更新进行反射。

CVMTS 仿真联邦执行能够推进的最大逻辑时间(greatest available logical time，GALT)记为 T_{GALT}，有

$$\begin{cases} T_{\mathrm{GALT}}=\min[T_{\mathrm{GALT}}(i)] \\ T_{\mathrm{GALT}}(i)=\min[T(j)+L(j)] \end{cases},\quad i=1,2,\cdots,n;j=1,2,\cdots,n;i\neq j \tag{6.1}$$

其中，n 为仿真联邦中当前的联邦成员个数；$T_{\mathrm{GALT}}(i)$ 为仿真联邦中第 i 个联邦成员所能推进的最大逻辑时间，由该联邦成员自身的时间管理策略及其他联邦成员的消息传递顺序方式决定；$T(j)$ 为仿真联邦中第 j 个联邦成员的当前逻辑时钟；$L(j)$ 为其对应的时间前瞻量，通常用 Lookahead 表示。

为保证各联邦成员不会接收到过去的事件，RTI 必须确保各联邦成员的推进时间不能超过 T_{GALT}。由于非时间受限的联邦成员不需要向 RTI 请求时间推进，CVMTS 中仿真运行管理联邦成员能够自由地推进其逻辑时间，而对于仅时间受限的沉浸式 VME 联邦成员的时间推进是由其他联邦成员控制的。为此，CVMTS 仿真联邦的逻辑时间推进过程主要由各维修人员操作训练联邦成员和协同维修仿真模型联邦成员的时间推进所决定，如图 6.8 所示。当时间推进许可(time advance grant，TAG)授予协同维修仿真模型联邦成员时，其以等时间步长 s 通过 TAR(t)将系统逻辑时间推进到 $t+s$；否则，通过对所有维修人员操作训练联邦成员事件队列(包含 m 个事件)中具有最小将来逻辑时间戳(t_k')的事件进行处理来推进系统逻辑时间。在维修训练过程中，可以利用仿真时间管理机制维持数据信息发送和接收的正确次序，确保各联邦成员收发数据信息的时序一致性。

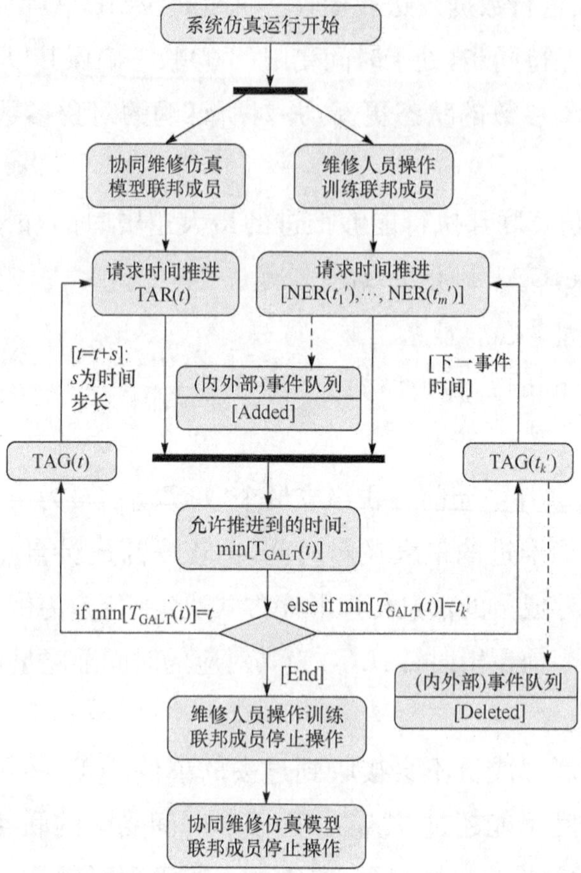

图 6.8 CVMTS 仿真时间推进机制流程图

6.4.2 CVMTS 中数据一致性实现

CVMTS 中的数据一致性[78,79,189-191]是在利用 DDM 策略确保数据信息可靠通信和快速传输的基础上,结合仿真时间同步机制来实现的。CVMTS 中的仿真时间同步机制除了利用 HLA 联邦管理服务通过同步点对联邦成员进行同步处理,还需要利用仿真时间管理机制对联邦成员的动态注册过程进行管理,从而确保各联邦成员从加入到退出联邦执行,以及整个仿真过程中的数据信息一致性。

(1) 联邦成员加入时的数据一致性

在实际仿真应用中,加入联邦执行的各联邦成员在某个阶段开始前需要实现时间,以及信息同步,以实现仿真的共同推进。联邦成员的加入主要有两种情况:一种是仿真开始时的初始静态加入,另外一种是仿真过程中的动态加入。

对于第一种情况主要是利用联邦管理服务中的同步点机制,通过在联邦执行过程中创建多个同步点来实行联邦成员之间的时间同步的。其具体实现过程为:发起同步的联邦成员首先调用RTI的registerFederationSynchronizationPoint()服务注册同步点,注册成功后RTI通过synchronizationPointRegistrationSuceeded()回调通知该联邦成员;随后RTI通过annouceSynchronizationPoint()向该同步点集合中的所有联邦成员宣告同步点,同步集合中的各成员根据同步点的语义完成各自状态的更新,待到达同步点后调用synchronizationPointAchieved()通知RTI;当同步集合中的所有联邦成员均达到同步点后,RTI将通过federationSynchronized()回调通知同步集合中的所有联邦成员"联邦已同步"。

根据同步点交流机制,各联邦成员可以根据具体的需求来定义、解释、执行相应的同步点操作,从而使各联邦成员在同步后共同推进仿真进程,确保初始状态的一致性。一般情况下,在CVMTS中各联邦成员必须在初始化阶段加入联邦执行,否则将会导致仿真系统无法正常运行。为了保证系统的稳定性和运行效率,允许维修人员操作训练联邦成员在仿真运行中动态加入联邦执行。

第二种情况是在CVMTS仿真时间管理机制的基础上,利用基于仲裁的锁定机制和事件队列的逻辑计数器方法进行动态处理的[85],从而实现维修人员操作训练联邦成员动态加入时的数据一致性。对于要加入的维修人员操作训练联邦成员F_J,假设其处于等待状态下的墙钟时间段为T_w,而当前状态下联邦执行完成所有事件处理所需的墙钟时

间段为 T_f，T_f具有一定的不确定性，受到数据信息处理及其网络通信拥塞程度的影响。当 $T_w < T_f$时，联邦执行中存在待处理或正在处理的事件，无法确保 F_J更新到最新的维修训练场景，致使以后的协同操作均无法保证各类模型数据的一致性；仅当 $T_w \geqslant T_f$时，即联邦执行中所有联邦成员完成事件处理以及场景更新，F_J才能与其他联邦成员的状态信息保持初始一致性。其具体实现过程如下。

Step 1，仿真运行管理联邦成员感知到 F_J请求加入联邦执行时，通过 RTI 回调处理使 F_J进入等待状态。同时，对维修操作过程中的其他联邦成员进行操作锁定，使其无法继续对 CVME 中实体对象进行操作，避免场景中状态信息的进一步修改。

Step 2，仿真运行管理联邦成员以 TAR 方式按照各自的固定时间步长进行逻辑时间推进，而联邦执行中的其他联邦成员则通过协同时间推进，完成内部事件的推进和外部事件的接收，同时事件逻辑计数器的数值随之进行相应的改变。

Step 3，当仿真运行管理联邦成员确认当前联邦执行中各联邦成员完成所有的外部和内部事件后，即内外部事件序列为空时，通过 RTI 通知 F_J开始进行场景更新。而后 F_J通过发送订购信息请求场景的状态更新，RTI 将该请求信息发送至相应的联邦成员，并通过实体对象状态信息的发布反馈至 F_J。

Step 4，当 F_J完成场景更新后，发送状态提示信息到仿真运行管理联邦成员，使其对联邦执行中的其他联邦成员进行解锁操作，解锁成功后 CVMTS 进入正常维修训练操作状态。

(2) 联邦成员退出时的数据一致性

在 CVMTS 仿真运行过程中，对于完成既定维修任务的维修人员操作训练联邦成员，可以申请退出当前的联邦执行。为了保证维修人员操作训练联邦成员 F_R正常或异常退出后，其他联邦成员能继续以正确的逻辑和时间顺序进行维修过程仿真，就需要确保 F_R退出后场景中数据信息状态及其更新的一致性。其具体实现过程如下。

Step 1，当 F_R 通过 resignFederationExecution()服务向 RTI 申请退出联邦执行时，仿真运行管理联邦成员会接收到相应的提示信息，从而对联邦执行中的其他联邦成员进行操作锁定，联邦执行的逻辑时间继续按照系统的仿真时间管理机制进行推进。

Step2，待 F_R 完成所有内部和外部事件处理后，其通过 requestFederationSave()服务向 RTI 发出联邦执行状态保存请求。在所有联邦成员接收到 RTI 的 federationSaved()回执后，仿真运行管理联邦成员对联邦执行中的其他联邦成员进行操作解锁。

Step3，为了避免 F_R 所拥有操作权限的对象实例属性在其退出后变成无主状态，利用 HLA 的所有权管理服务主动地"转让"其对象实例属性的操作权限，由 RTI 或者联邦执行中具有同等或更高等维修操作权限的联邦成员来承担。

Step 4，若 F_R 的维修操作权限级别高于其他维修人员操作训练联邦成员，则通过仿真运行管理联邦成员动态提升指定的操作权限"申请者"的权限级别，使其等同于 F_R 的维修操作权限。

6.5　小　　结

建立的异构数据信息 OIT、DDM 优化方案、并发冲突控制策略和仿真时间管理机制，可以较好地实现 CVMT 过程中数据信息的交互通信和协同处理需求，为 CVMTS 的仿真实现提供重要的技术支撑。由于该些技术最终是基于 HLA/RTI 实现的，只需关注上层的仿真实现而不必过多关注底层的技术框架，降低了开发的难度和对技术人员的要求，且具有较好的通用性和扩展性。基于前面各章所研究的内容，第 7 章将研究基于沉浸式 VME 的 CVMTS 具体实现。

第7章 基于沉浸式 VME 的大型复杂装备 CVMTS

7.1 引 言

沉浸式 VR 技术能够为维修训练人员提供较为直接有效的模拟训练方式,利用 VR 设备和技术创建具有较好沉浸式的 VME,训练人员能够以“人在回路”的方式实现真实操作人员修理虚拟产品的效果,从而使维修人员通过在线交互的操作体验获取真实的维修操作技能。然而,沉浸式 VME 的组建依赖于 VR 设备及相应技术的发展,在进行应用系统开发时,需要充分考虑其对其他领域技术的支持。对于 CVMTS 中的各类 VR 系统和交互设备,为了使其能够实现与 CVMTS 进行有机集成,需要开发满足标准接口协议的 API 程序,通过 SSP 实现与 CVMTS 中其他功能模块之间的数据信息交互通信和协同处理。对于实际应用系统的开发,可以利用组建 CVMTS 的相关技术,采用桌面式或是半沉浸式 VR 方式,充分权衡仿真系统的功能需求和建设成本,使其在能够满足仿真需求的同时具有较好的性价比。

7.2 沉浸式 CVMTS 的组建与开发平台

组建沉浸式 CVMTS 不但需要能够进行深度交互的 VR 设备,为用户提供最为直接和真实的操作方式,而且需要相应的软件平台作为支撑,实现对各种交互行为和维修操作过程的实时渲染和响应处理,并通过相应的视觉、听觉乃至触觉效果对用户的操作进行响应和反馈,从而使用户通过组建的 CVME 获得最为真实的操作体验,培养其相应的操作技能。

7.2.1　沉浸式 CVMTS 的硬件开发平台

针对大型复杂装备 CVMT 的仿真需求，CVMTS 利用被动式光学人体运动捕捉系统、数据手套、空间位置跟踪装置实现维修训练人员的操作输入；采用单通道被动立体投影系统为基于 VR 软件平台组建的 CVME 提供具有较好沉浸感的视觉效果；通过相应的信息处理及显示、语音效果提示，对维修训练人员的输入操作进行响应和反馈，为其进一步操作处理提供参考信息。

（1）被动式光学人体运动捕捉系统

在大型复杂装备 CVMT 中，需要同时对多个（至少 2 个）维修人员输入操作信息进行捕捉。为了保证多个维修训练人员具有足够的模拟操作空间，避免相互之间的过多干涉和影响，在实验室条件下，采用如图 7.1所示的方案对 OptiTrack 被动式光学人体运动捕捉系统进行架设和标定。通过在直径为 6m 的圆形区域架设 12 个摄像机，从而在架设区域中心直径约为 3.5m 的圆形范围内，能够同时实现对 2 个维修操作人员的实时运动数据捕捉。通过开发与 CVMTS 的 SSP 的通信接口，可以实现对 CVME 中多个虚拟维修人员的实时交互控制，通过人在回路的方式，保证受训人员能够获取真实的操作体验。

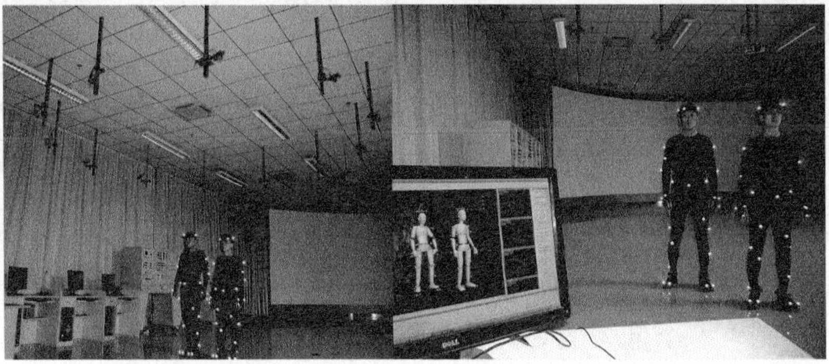

图 7.1　OptiTrack 被动式光学人体运动捕捉系统应用实例

(2) 数据手套

数据手套采用的是 5DT Data Glove 14 Ultra，通过在合成弹力纤维中嵌入 14 个光纤传感器，能够对手部做不同动作时五个手指第 1、2 关节的屈伸角度，以及手指间的夹角进行测量，如图 7.2 所示。

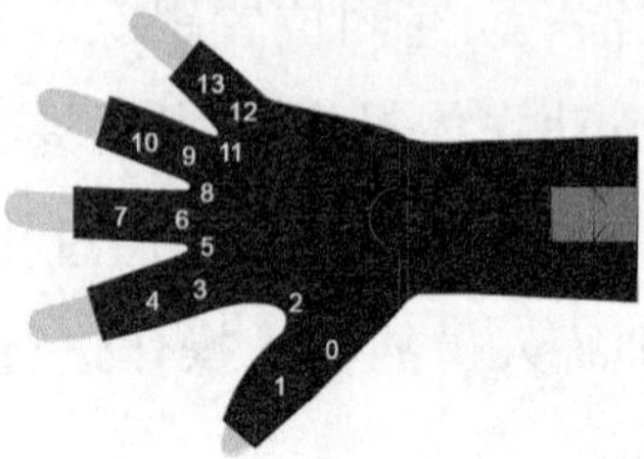

图 7.2 数据手套中传感器布局示意图

该设备具有 8 bit 曲度解析率、高频率、低漂移和开放式结构等特点，能够满足不同情况下手部动作数据的实时采集。通过 USB 数据线与计算机相连，将采集到的手部动作数据信息发送至 CVME 进行分析和处理，进而驱动虚拟维修人员手部操作动作的同步执行。

(3) 空间位置跟踪装置

空间位置跟踪装置主要用于跟踪和获取物体在空间的位置和方向信息，通过计算和分析得出相应的速度矢量和加速度矢量，从而对虚拟环境中对象模型的运动仿真进行实时交互控制。电磁式空间位置跟踪装置系统组成简单，价格成本较低，能够满足较好精度，以及分辨率要求的 VR 仿真开发。在大型复杂装备 CVMTS 中，采用美国 Polhemus 公司的 PATRIOT 电磁式空间位置跟踪装置来获取手腕关节的空间位置和姿态，实现对人体上 Marker 点被遮挡后的运动信息补偿。

如图 7.3 所示，该系统由信号源发射器、传感接收器、电源供应器、系统电子单元(system electronic unit，SEU)和配套软件组成。信号源发射器会产生一个低频的 A/C 电磁场，从而提供传感接收器所需的参考坐标系。传感接收器通过切割磁力线产生信号并发送到 SEU 进行处理，由配套软件计算每一个传感接收器在发射器坐标系的空间位置和方向。它能够支持六自由度的空间位置（笛卡儿坐标系中的 X、Y 和 Z 轴）和方向（方位角、俯仰角和旋转角）的实时数据采集和处理。在实际应用中，通过 API 程序将采集到的数据信息发送至 VR 软件平台，供进一步的坐标转换和数值计算使用。

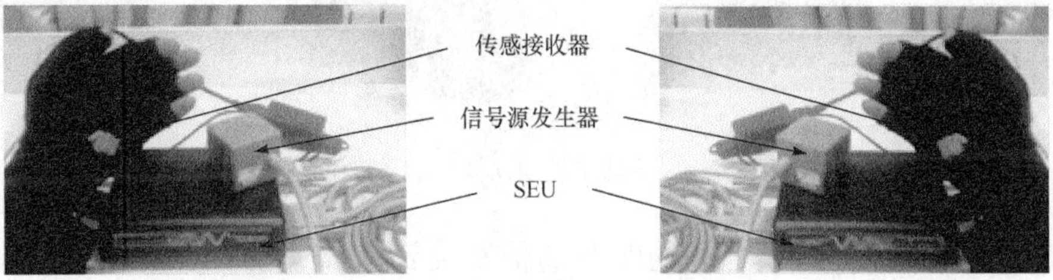

图 7.3　PATRIOT 电磁式空间位置跟踪装置

（4）单通道被动立体投影系统

单通道被动立体投影系统主要由 2 台 Barco ID H500 投影机、金属涂层硬质幕布、HP Z800 图像工作站、圆周偏振镜片和立体眼镜等组成，如图 7.4 所示。该系统中的 Barco ID H500 投影机采用 DLP 技术，具有 5000 ANSI 流明超高亮光输出，能够在 5.87m×3.3m 的金属幕布上生成分辨率为 1920×1080p 的高清投影质量。HP Z800 具有 2 块 1.5Gb 大显存 NVIDIA Quadro FX4800 显卡，具有 76.8 Gb/s 的显存带宽和 8K×8K 的表面纹理渲染能力，为巨大模型及其纹理的实时交互处理提供了流畅、精细的高分辨率画质，使得组建的 CVME 具有较好的立体感视觉效果。

（5）立体音响及语音通信设备

为了增加 CVME 的可感知性和沉浸感，对于维修操作过程中的维修操作规程，采用语音进行讲解和提示，并为各种交互操作和运动仿真行为添加相应的音效，通过立体音响设备向维修训练人员展示一个“有声有色”的 CVME。同时，对于异地协同的维修操作训练，可以利用语

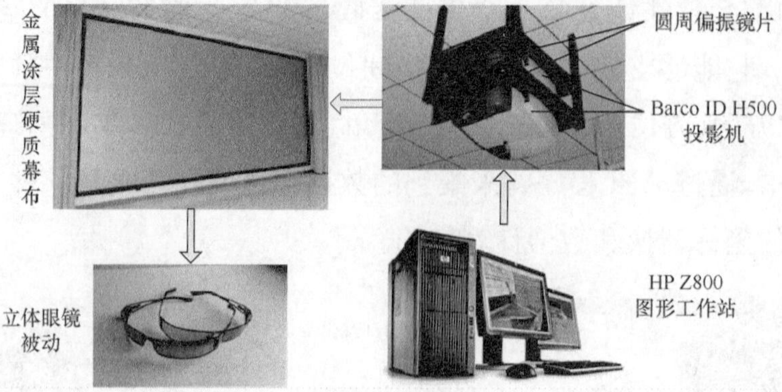

图 7.4　单通道被动立体投影系统组成

音通信设备实现相互之间的实时通信和交流。

7.2.2　沉浸式 CVMTS 的软件开发平台

① 操作系统：Windows XP SP2。

② 开发平台及语言：Visual C++.NET 2005。

③ 三维建模工具：SolidWorks 2012、3DS Max 2009。

④ 图形渲染引擎：PostEngineer、OpenGL。

⑤ 运动捕捉软件：Arena。

⑥ 运行支撑环境：MÄK-RTI 3.4。

⑦ Agent 通信语言：KQML(knowledge query and manipulation language)。

⑧ 数据库开发环境：Microsoft SQL Server 2005、Altova XMLSpy 2006。

CVMTS 中的装备零部件都是通过 SolidWorks 创建的，虚拟人体的骨架及皮肤建模是由 3DS Max 完成的，CVME 的组建和渲染则是由 PostEngineer 平台实现的，SSPCVM 的组建及其分布交互和智能决策是由 MÄK-RTI 和 KQML 完成的，各类数据信息数据库是由 SQL Server 进行创建的。最后，通过 Visual C++.NET 实现对各类仿真功能模块的集成,组建大型复杂装备 CVMTS。PostEngineer 是武汉创景可视技术有限公司自主研发的一套 VR 开发平台,能够支持异构三维环境下多 CAD 平台的协同产品开发,且开放性较好,便于二次开发与系统集成,在 CVMTS 中得到了成功的应用。

7.3　沉浸式 VME 的关键技术研究及实现

7.3.1　基于光学式动作捕捉系统的虚拟人体实时运动控制

通常情况下,OptiTrack 人体运动捕捉系统的动作捕捉软件 Arena 主要是将运动数据信息记录为相应的数据格式,以离线方式供其他仿真应用使用。为了实现对虚拟维修人员的实时驱动,需要通过 Arena 配套的 NatNet SDK 进行相应的 API 交互通信程序开发。NatNet SDK 能够基于 C/S 结构在网络中实现运动捕捉数据的发送和接收,其能够通过 UDP(user datagram protocol)、点对点单播,以及 IP(internet protocol)组播的方式,实现运动数据的发送和接收通信[192]。从而能够为大型复杂装备 CVMTS 的分布式协同交互提供必要的技术支持,下面针对 CVMTS 的具体需求,对基于 OptiTrack 光学式动作捕捉系统的虚拟人体实时运动控制技术进行研究和开发。

通过 OptiTrack 人体运动捕捉系统的动作捕捉软件 Arena,能够获取的运动数据主要有 Marker 点集、刚体集和骨骼集等不同类型,其相互之间的关系如图 7.5 所示。

对于离散的 Marker 点集而言,只是作为散乱的空间点位置信息提供给应用程序,对于 Marker 点集中的各元素之间是相互独立的,不具有任何的逻辑结构信息;通过对 Marker 点集中的元素进行逻辑划分和结构定义,可以将多个独立的 Marker 点定义为一个个不同的刚体,从而使离散的 Marker 点集成为离散的刚体集。然而,刚体集中各元素之间也是相互独立的,没有相应的逻辑结构约束,需要通过定义各刚体之

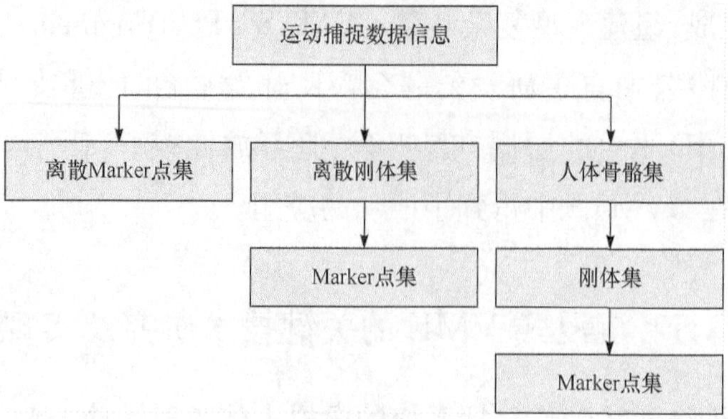

图 7.5 动作捕捉软件中的运动数据组成结构

间的层次机构和逻辑关系，才能生成组成人体骨架所需的人体骨骼集，骨骼集中的各元素主要由其对应的人体部位 Marker 点所组成的刚体集组成，且具有如图 5.7 所示的相对固定的层次化结构和逻辑关系。

对于组成人体骨架的骨骼集中任一骨骼元素，其运动数据结构描述及层次关系如图 7.6 所示，其中不同层次数据结构中的数据信息也各不相同。

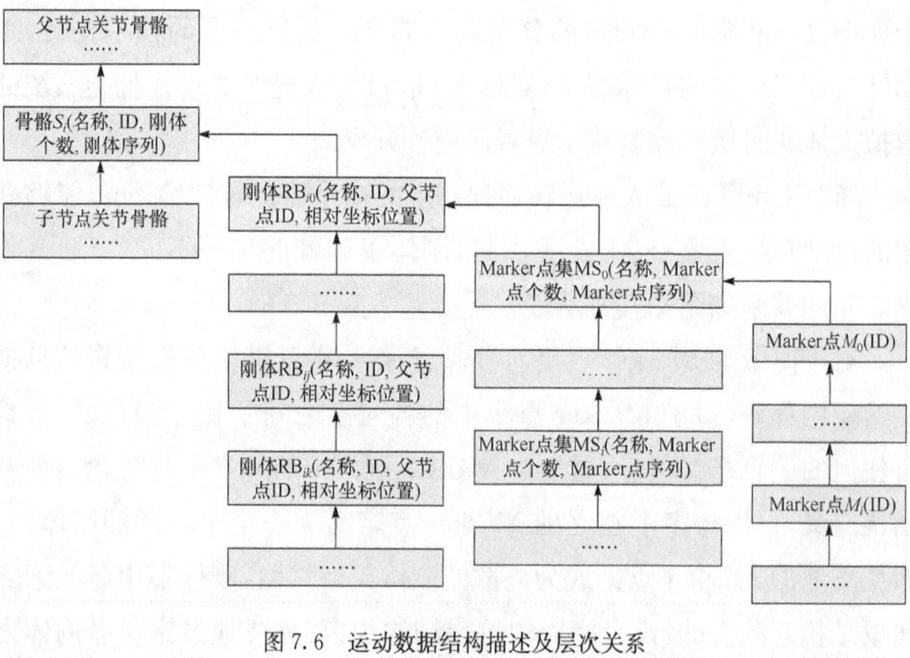

图 7.6 运动数据结构描述及层次关系

Marker 点数据信息:{唯一的 ID 标识,空间坐标(x,y,z),大小 size}。

Marker Set 数据信息:{Marker 点集名称,包含 Marker 点个数,各 Marker 点数据}。

Rigidbody 数据信息:{唯一的 ID 标识,空间坐标(x,y,z),旋转四元数(q_x,q_y,q_z,q_w),包含 Marker Set 数据信息}。

Skeleton 数据信息:{唯一的 ID 标识,Rigidbody 个数,旋转四元数(q_x,q_y,q_z,q_w),包含 Rigidbody 数据信息}。

通过以上的描述可知,为了能够利用运动数据实现对 VME 中的虚拟维修人员进行实时交互控制,必须将光学式动作捕捉系统中的人体骨架结构与 VME 中的虚拟维修人员的人体骨骼结构进行映射和绑定,主要实现方法如下。

① 保证两者人体骨架主体部位的组成结构一致。两者的骨骼数量可以不一致,即光学式动作捕捉系统的人体骨架中没有手指部分的骨骼,也没有相应的运动数据流输出,而在 CVMTS 中虚拟维修人员则需要手指部分的骨骼来进行相应的维修操作,但是手指骨骼可以通过数据手套来进行实时驱动,并不影响系统的功能实现。

② 使两虚拟人体骨架中骨骼之间的层次结构和子父级关系一致。基于 3DS Max 人物骨骼模板建立的虚拟维修人员的人体骨架,与光学式动作捕捉系统中虚拟人体骨架相比,除了骨骼数量不同,骨骼间的层级关系也不相同。例如,光学式动作捕捉系统的虚拟人体骨架中两个肩膀的父节点是胸部骨骼,而基于 3DS Max 创建的虚拟维修人员的人体骨架中两个肩膀的父节点是颈部骨骼,如图 7.7 所示。

③ 建立两者人体骨架中各骨骼间的映射关系,通过将人体骨架对应部位的骨骼 ID 进行关联,从而使得 VME 中虚拟维修人员的骨架结构与光学式动作捕捉系统中虚拟人体的骨架结构相一致,如图 7.8 所示。该过程也可以通过 CVMTS 中的“映射关系设置”界面进行手动添加和修改,如图 7.8 所示。

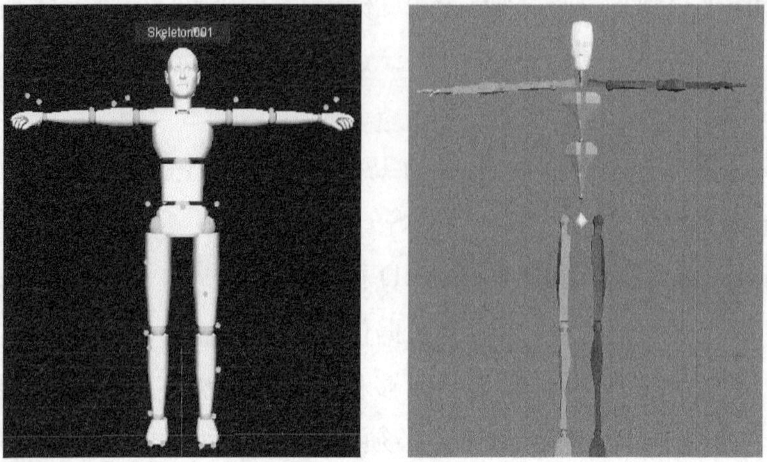

图 7.7 动作捕捉软件与人体建模软件中的骨架结构对比

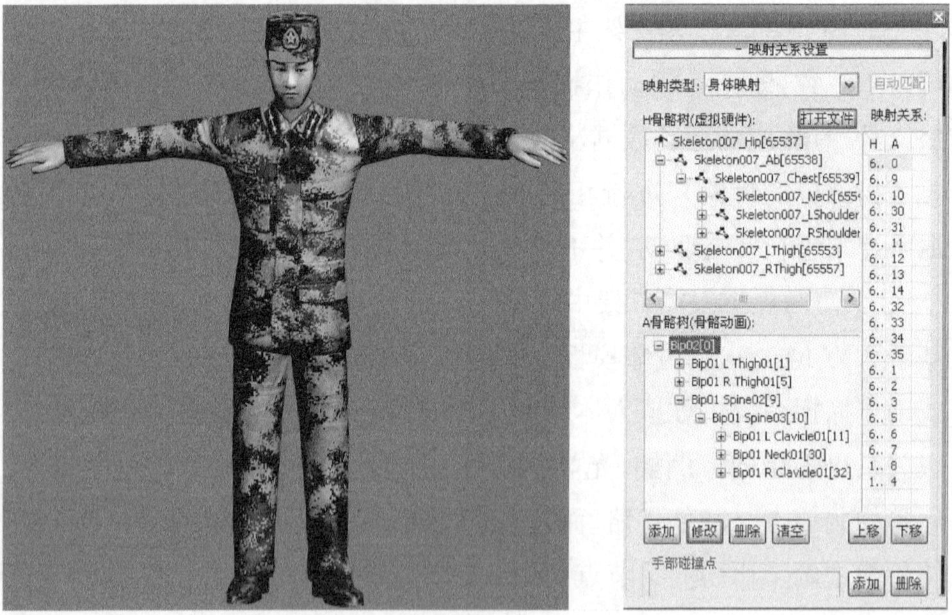

图 7.8 虚拟维修人员骨架映射设置

④ 利用开发的光学式运动捕捉系统 API 程序，实现运动捕捉数据信息对 VME 中虚拟维修人员的实时交互控制。其具体实现流程如图 7.9所示，基于步骤①～③的相应设置和操作，利用 NatNet SDK 开

发光学式运动捕捉系统与 CVMTS 的 API 程序[192]，进而通过调用相应的功能函数进行运动数据信息的读取、处理，并对 VME 中的虚拟维修人员进行状态更新，从而实现具有沉浸感的在线人机交互控制。

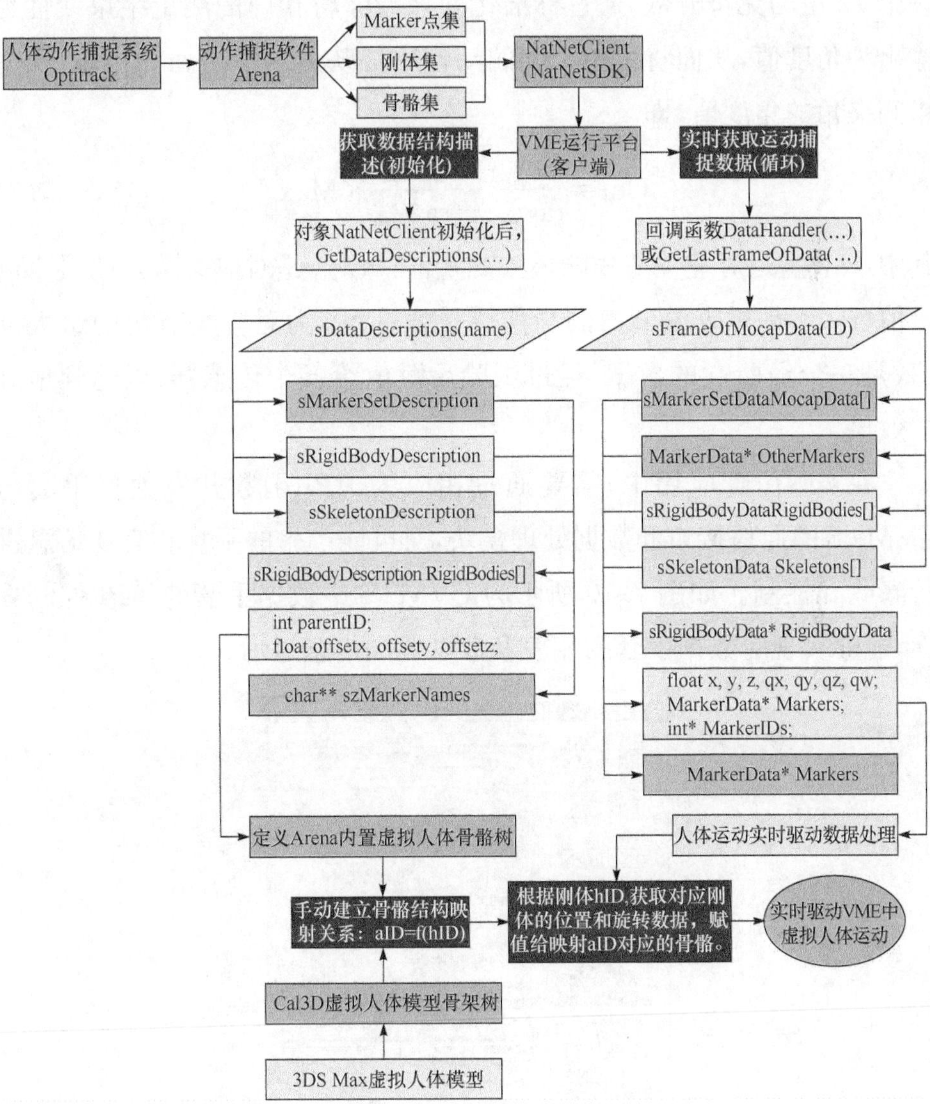

图 7.9　光学式运动捕捉系统实时交互控制实现流程图

7.3.2　数据手套对虚拟人体手部动作的实时控制

5DT Data Glove 14 Ultra 数据手套中的每个光纤传感器输出的是一个 12 位的无符号数，通过标准化处理能够将相应的测量结果线性地输出为角度值，从而将手指不同的动作手势映射为手指屈伸角，以及手指间夹角的角度值，即

$$\mathrm{Out}=\frac{\mathrm{raw}_{\mathrm{val}}-\mathrm{raw}_{\mathrm{min}}}{\mathrm{raw}_{\mathrm{max}}-\mathrm{raw}_{\mathrm{min}}}\times \mathrm{Max} \tag{7.1}$$

其中，$\mathrm{raw}_{\mathrm{max}}$是对应关节角的最大测量值；$\mathrm{raw}_{\mathrm{min}}$是对应关节角的最小测量值；$\mathrm{raw}_{\mathrm{val}}$是对应关节角的当前测量值；Max 为对应关节角的最大度值，是一个经验性的数据，经过试验后赋值给各个传感器，以达到最好的效果。

在实际仿真应用中，需要通过相应的 API 函数开发数据手套与 CVMTS 的通信接口和数据处理模块，对可能产生的干扰和突变信息进行滤除和控制。如图 7.10 所示为 CVMTS 中数据手套的 API 控制界面，能够实现对数据手套的相关参数设置和信息显示。

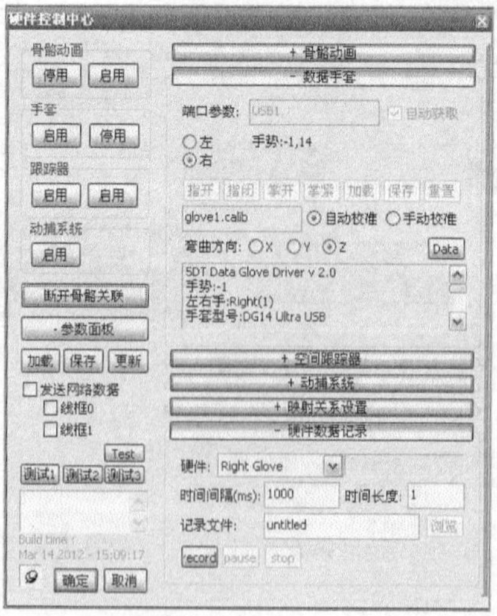

图 7.10　CVMTS 中数据手套 API 设置界面

7.3.3 被动式立体投影技术

被动式立体投影技术是基于偏振光原理实现的，其基本原理是通过将 2 台投影机叠加显示，并在镜头前方安装 2 片极化方向相反的偏振镜片作为起偏器，使两个投影机投出的光束经过偏振片后旋转方向相反，从而生成两幅具有双目视差的图像，并将其重叠地投影在同一块屏幕上。此时用人的肉眼观察屏幕，看到的是带有重影的三维实体，如图 7.11 所示。为了能够让观察者的左右眼分别看到立体图像中的对应图像，将一组旋转方向相反且分别与起偏器偏振片偏振方向一致的偏振片做成偏振眼镜(检偏器)供观察者佩戴，从而分别接收经屏幕反射后的左右眼图像光束。

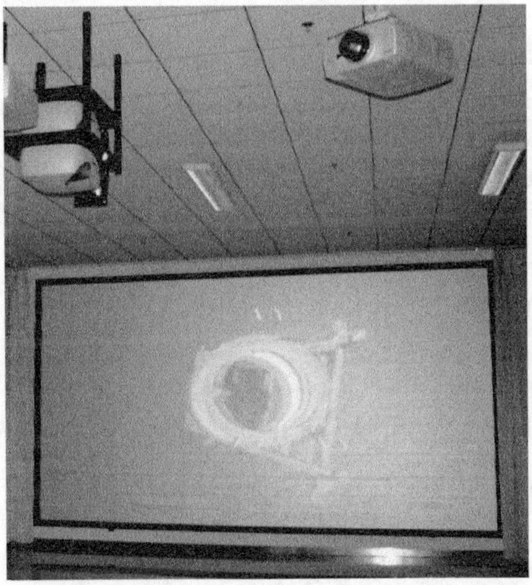

图 7.11　立体投影系统中的重影视觉效果

采用线性偏振片时，光线只能以固定的角度传输，观察者的头部不能偏移，如图 7.12(a)所示。基于圆周偏振技术，由于光的偏振方向是可旋转变化的，左右眼看到的光线的旋转方向相反。观察者的头部可以自由活动，因为光线的方向变化不影响显示，如图 7.12(b)所示。因此,现有的被动式立体投影通常选用基于圆周偏振技术的偏振眼镜作为检偏器。

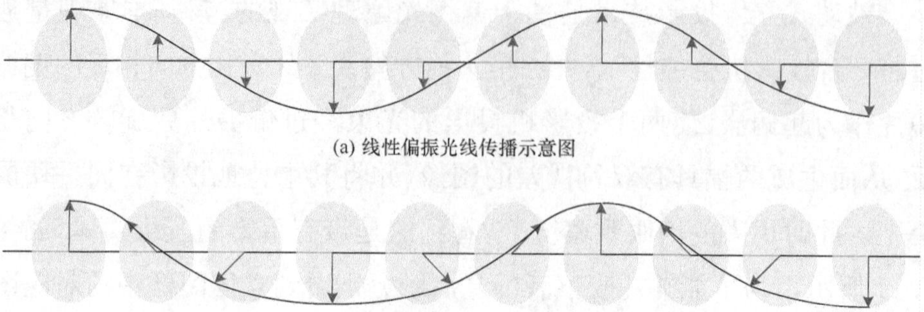

(a) 线性偏振光线传播示意图

(b) 圆周偏振光线传播示意图

图 7.12　不同偏振光学传播示意图

对于 VME 视景的处理是将左右眼不同的视角图像分别发送到 2 台投影机中,该过程的实现是通过专用显示卡将绘制的 2 副图像分别进行输出。其基于 OpenGL 技术的图像生成具体流程如下。

```
glMatrixMode(GL_PROJECTION );
    glLoadIdentity( );
    gluPerspective( fov,aspect,near_plane,far_plane);//设置三维投影显示
    glMatrixMode(GL_MODELVIEW);
//绘制左眼图像
glPushMatrix( );
    if(mode==GL_LEFT)
    {
        glViewport(viewport1[0],viewport1[1],viewport1[2],viewport1[3]);
        glLookAt(-da, 0.0, 5+s, -db, 0.0, s, 0.0, 1.0, 0.0);//设置视向
```

```
        }
            drawing( );//绘制显示对象
    glPopMatrix( );
    //绘制右眼图像
    glPushMatrix( );
        if(mode==GL_RIGHT)
        {
            glViewport(viewport2[0],viewport2[1],viewport2[2],
viewport2[3]);
            glLookAt(da,0.0,5+s,db,0.0,s,0.0,1.0,0.0);//设
置视向
        }
        drawing( );//绘制显示对象
    glPopMatrix( );
```

对于立体投影系统中 1920×1080 的显示分辨率，视窗 viewport1 和 viewport2 的范围应为

viewport1[0]=0; viewport1[1]=0; viewport1[2]=1920; viewport1[3]=1080;

viewport2[0]=1920; viewport2[1]=0; viewport2[2]=1920; viewport2[3]=1080;

同时，建立窗口时显示屏分辨率应修改为双倍的显示屏幕大小，即 3840×1080。

7.4　大型复杂装备 CVMTS 仿真实例

大型复杂装备中某一液压执行装置，其零部件组成信息如表 7.1 所述。该液压执行装置常出现的故障是由于内部密封圈、垫圈的变形、

磨损、破损或是各缸筒的配合面出现划伤、磨损而引起的液压油泄露，导致该执行装置的工作压力不足而无法正常工作。采用的维修措施为拆下各零部件进行检查，并对故障零部件进行修复（打磨、抛光、清洗等）或更换处理，在该维修实施过程中需要多个维修人员相互协同进行配合操作。

表 7.1　某液压执行装置零部件组成信息描述

零部件名称	材质	数量	序号	零部件名称	材质	数量	序号
缸筒	钢	1	00	紧固螺栓	铁	6	12～17
紧固螺母	铜	2	01～02	顶端挡圈	铜	2	18～19
焊接直角轴	铜	2	03～04	二级油缸 II	钢	1	20
直通转轴	铜	2	05～06	定位螺钉	铁	2	21～22
油管	铜	1	07	支耳	铁	1	23
锁紧螺母	铜	1	08	一级油缸 I	钢	1	24
油缸基座	铁	1	09	密封圈	塑料	10	25～34
"O"型圈	塑料	2	10～11	垫圈	塑料	10	35～44

在 CVMTS 中，该液压执行装置的维修实施被设计为一个独立的维修任务，其维修任务层次化结构信息如表 7.2 所述。表 7.2 中描述的各类信息与该维修任务的 OIT 描述文档是对应的，通过相应的序号＋"维修任务名称"便可以查询其相关的数据信息。协同方式则反映了在维修任务规划和分配中多个维修人员间的协同关系，主要有异步协同(asynchronous collaboration，AC)和同步协同(synchronous collaboration，SC)两种方式。该维修任务需要由维修人员 S_1、S_2 和 S_3 协同配合完成，"&"表示需要由相应的多个维修人员一起协作完成，"|"表示可以由任一维修人员完成。

表 7.2　某液压执行装置维修任务层次化结构信息

维修工序		维修工步		维修操作		协同	维修
序号	内容	序号	内容	序号	内容	方式	人员
0201	拆卸油路连接	020101	卸下焊接直角轴	02010101	旋下左紧固螺母	AC	S_1
				02010102	旋下左焊接直角轴	AC	S_1
				02010101	旋下右紧固螺母	AC	S_1
				02010102	旋下右焊接直角轴	AC	S_1
		020102	卸下直通转轴	02010201	旋下左直通转轴	AC	S_1
				02010202	旋下右直通转轴	AC	S_1
		020103	卸下油管	02010301	卸下油管	AC	S_1
0202	拆卸油缸基座	020201	松开锁紧螺母	02020101	旋开锁紧螺母	AC	S_1
		020202	拧下油缸基座	02020201	拧下油缸基座	SC	$S_1\&S_3$
		020203	取下“O”型圈	02020301	取下“O”型圈	AC	S_1
0203	拆卸二级油缸	020301	卸下顶端挡圈	02030101	旋下紧固螺栓	AC	S_2
				02030102	取下顶端挡圈	AC	S_2
		020302	卸下二级油缸	02030201	退出/放置油缸 II	SC	$S_2\&S_1$
0204	拆卸一级油缸	020401	卸下定位螺钉	02040101	旋下左定位螺钉	AC	S_2
				02040102	旋下右定位螺钉	AC	S_2
		020402	卸下支耳	02040201	拧下支耳	SC	$S_2\&S_1$
		020403	卸下一级油缸	02040301	退出/放置油缸 I	SC	$S_2\&S_1$
0205	取下密封圈、垫圈	020501	取下密封圈	02050101	取下密封圈	AC	$S_1\|S_2$
		020502	取下垫圈	02050201	取下垫圈	AC	$S_1\|S_2$

该维修实施在任务层面上的过程模型(不考虑其他要素)可以描述为如图 7.13 所示的 HCPN 模型,由于篇幅限制则不再进一步描述其相应的各子页模型。为了实现对其维修操作过程仿真,根据维修任务过程模型规划的维修操作序列(表 7.2 中的维修操作序号),针对各维修操作的具体对象,进而调用该液压执行装置的 MOPM_CVM,从而获取所需的各类数据信息并进行相应的交互通信和协同处理,最终满足训练人员进行操作输入时的数据处理需求,进而真实地再现实际维修操作中的各种行为特征。

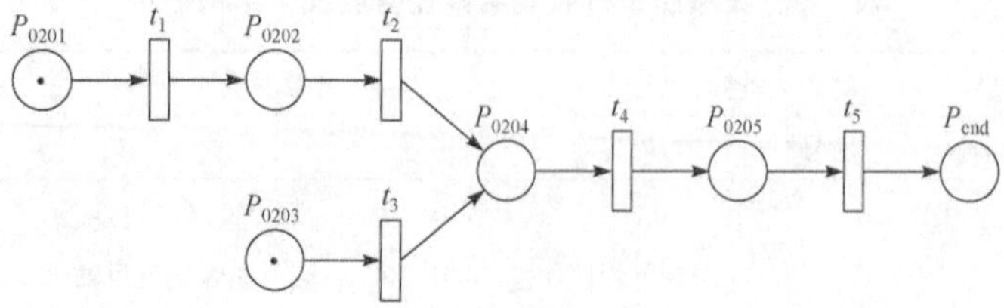

图 7.13　某液压执行装置维修任务过程 HCPN 模型

该维修操作过程的仿真效果如图 7.14 所示。图 7.14(a)描述了维修人员 S_1 与 S_3 在执行维修工序 0201 和 0202 的相应操作时，维修人员

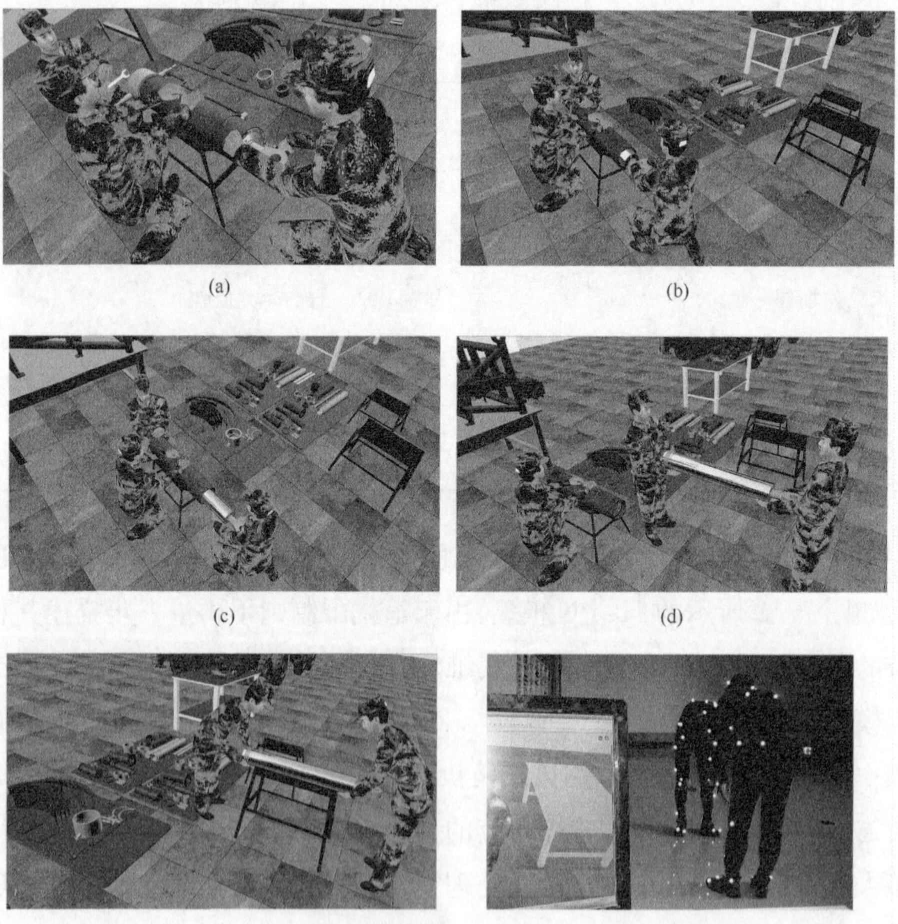

图 7.14　某液压执行装置 CVMT 仿真过程效果图

S_2也同时执行维修工序 0203 中维修工步 020301 的相应操作；当维修人员 S_1完成维修工序 0201 和 0202 的所有操作后，协同配合维修人员 S_2执行维修工序 0203 中维修工步 020302 的相应操作，如图 7.14(b)～图 7.14(e)所示。在维修工序 0204 中，维修工步 020402 和 020403 的相应操作，则是由维修人员 S_1与 S_2协同配合完成。对于需要更换的密封圈或垫圈则根据其维修操作模型由相应的维修人员来执行其拆装操作。图 7.14(f)描述了维修训练人员的模拟操作动作，能够实现对虚拟维修人员的实时在线交互控制。表 7.3 反映了采用实装与 CVMTS 的训练时间对比，其中 CVMTS 训练时间为其 100 次仿真结果的平均值，可以看出利用 CVMTS 进行维修训练能够节约较为可观的训练时间，且不受其他不利因素制约。

表 7.3 实装与利用 CVMTS 的训练时间对比(时间/s)

零部件名称	数量	实装训练时间	CVMTS 训练时间	零部件名称	数量	实装训练时间	CVMTS 训练时间
缸筒	1	/	/	紧固螺栓	6	60	36
紧固螺母	2	26	14	顶端挡圈	2	16	10
焊接直角轴	2	26	16	二级油缸 II	1	50	26
直通转轴	2	26	16	定位螺钉	2	20	12
油管	1	24	15	支耳	1	40	25
锁紧螺母	1	30	18	一级油缸 I	1	60	32
油缸基座	1	45	22	密封圈	10	80	42
“O”型圈	2	15	10	垫圈	10	80	42
总计训练时间						598	336

7.5 小 结

应用 CVMTS 及其 SSP 总体框架结构，基于维修任务过程模型的任务规划和分配分析、面向维修对象的协同式维修操作过程建模、虚拟人体运动仿真及其协同交互控制方法、异构数据信息通信及协同交互处理方法等，针对某型导弹发射装备基于沉浸式 VME 开发了其 CVMTS。在现有的运行平台上，系统中的 CVME 帧刷新率可达 40～45fps，具有较好的实时性和平滑性效果。仿真结果验证了 CVMTS 及其 SSP 框架结构的通用性和可扩展性，以及各项技术的正确性和先进性。

第8章　总结与展望

8.1 总　　结

CVM技术是VM技术在各应用领域的最新发展，其在实现资源和数据信息共享的同时，能够支持多个维修人员之间的协同工作和配合操作。随着大型制造工业、航空、航天、航海，尤其是国防工业和军事领域中大型复杂装备的日益增加，为了提高装备的生存和保障能力，利用CVM技术开展相应维修训练的现实需求也越来越迫切。基于CVM技术进行多个维修人员的协同维修训练，其涉及的领域较广、内容很多，有许多亟待解决的关键技术。本书针对组建大型复杂装备CVMTS中的部分关键技术进行深入研究，取得的主要成果可以概括如下。

① 提出一种基于HLA和MAS的大型复杂装备CVMTS及其SSP的总体框架设计方法，基于组合式层次结构和模块化设计思想，研究了CVMTS中各联邦成员的功能结构设计及其SSP的实现方法，并对各类功能模块进行相互独立开发，从而确保了CVMTS具有较好的通用性和可扩展性。

② 针对CVMTS中维修任务的合理规划、动态分配和智能决策，深入研究了基于Petri网的协同式维修任务过程建模技术，设计了基于HCPN的协同式维修任务过程建模方法，并研究了大型复杂装备维修任务过程的建模规则及其实现方法；基于协同式维修任务过程模型CMTPS_HCPN的层次化结构、逻辑关系和状态变化过程，研究了基于MAS的协同式维修任务分配与决策方法。

③ 在CVMTS中维修操作过程建模方面，研究了基于时间CPN的

建模及其描述方法，通过对维修操作过程的行为描述和动态分析，提出面向维修对象的 CVM 操作过程建模方法；设计了基于装配体拆卸/装配矩阵的 CVM 拆卸/装配操作过程仿真算法，实现了对以数组阵列形式存储的零部件维修操作信息的处理与更新。

④ 在虚拟人体运动仿真及其协同人机交互控制方面，研究了虚拟人体的皮肤建模和皮肤变形方法，采用四元数旋转和插值运算，基于虚拟人体运动坐标系建立虚拟人体骨架运动模型和蒙皮算法实现了虚拟人体的皮肤变形进而模拟相应的操作动作；研究了基于被动式光学运动捕捉系统的人机交互控制技术，针对其存在的 Marker 点遮挡问题，提出基于辅助设备的运动数据信息补偿方法；研究了 CVM 中的人机交互特征建模，并基于所有权管理机制建立了 CHCICM。

⑤ 在 CVMTS 中异构数据信息的交互通信方面，为确保 CVMTS 中的异构数据信息能够可靠、高效地交互通信，研究了基于 XML 技术的异构数据信息转换、描述和处理方法，提出基于多层次路径空间序列 DDM 优化方案；研究了基于 HLA 所有权管理的并发冲突控制方法和基于仿真时间管理机制的数据一致性实现方法，确保 CVMTS 的可靠运行和状态信息的一致更新。

⑥ 研究了组建沉浸式 VME 的相关技术及其实现方法，尤其是被动式光学运动捕捉的实时在线交互控制技术，进而综合应用所提出的大型复杂装备 CVMTS 及其 SSP 总体框架、协同式维修任务过程模型、协同式维修操作过程模型、虚拟人体运动仿真及协同交互控制方法、异构数据信息通信及协同交互处理方法等，针对某型导弹发射装备开发了具有较好沉浸感的 CVMTS。同时，结合装备的协同维修操作实例，验证了 CVMTS 及其 SSP 框架结构的通用性和可扩展性，以及各项技术的正确性和先进性，取得了较好的仿真实验效果。

本书的创新点主要有以下几个方面。

① 提出一种基于 HLA 和 MAS 的大型复杂装备 CVMTS 及其

SSP 的总体框架设计方法；基于组合式层次结构和模块化设计思想，研究了各联邦成员的功能结构设计及其 SSP 的实现方法。

② 设计了基于 HCPN 的协同式维修任务过程建模方法，研究并设计了协同式维修任务过程模型，提出基于 MAS 的协同式维修任务分配与决策方法。

③ 研究了基于时间 CPN 的建模及其描述方法，提出面向维修对象的 CVM 操作过程建模方法；设计了基于装配体拆卸/装配矩阵的 CVM 拆卸/装配操作过程仿真算法，实现了对以数组阵列形式存储的零部件维修操作信息的处理与更新。

④ 研究了基于被动式光学运动捕捉系统的人机交互控制技术，提出基于辅助设备的运动数据信息补偿方法来克服 Marker 点遮挡问题；研究了 CVM 中的人机交互特征建模，并基于所有权管理机制建立了 CHCICM。

⑤ 研究了基于 XML 技术的异构数据信息转换、描述和处理方法，提出基于多层次路径空间序列 DDM 优化方案，研究了基于 HLA 所有权管理的并发冲突控制方法和基于仿真时间管理机制的数据一致性实现方法。

8.2 展　　望

CVM 技术已经成为大型复杂装备进行分布交互式维修训练的重要技术手段，涉及多个学科领域的相关理论知识和支撑技术，应用和发展前景十分广泛。虽然在 CVMTS 及其 SSP 总体框架设计、协同式维修任务分析、协同式维修操作过程仿真、虚拟人体运动仿真及其协同交互控制、异构数据信息通信及协同交互处理等方面做了一些工作，取得了一定的结果。但是，由于实际条件和时间的限制，还有许多问题来不及做深入研究，如装备维修训练过程中的维修性分析与设计和人因工程分析、基于交互特征和手部动作描述模型的碰撞检测技术改进、光学式运动捕捉系统模型匹配优化和运动轨迹追踪、触觉和力反馈技术的应用研究等。同时，把本书的研究成果推广到更复杂的实际应用中也是未来研究的重要方向之一。随着对分布交互仿真技术、VR 技术、CSCW 技术，以及 VM 技术研究的不断深入，CVM 技术在我国的国防工业建设和军事领域应用中发挥着越来越重要的作用。

参考文献

[1] 杨宇航,李志忠,郑力. 虚拟维修研究综述[J]. 系统仿真学报,2005,17(9):2191-2195.

[2] 陈云翔. 可靠性与维修性工程[M]. 北京:国防工业出版社,2007.

[3] Li X Y,Huang X X,Zhang Z L,et al. Research on key technology of collaborative virtual maintenance training system in large-scale complex equipment[J]. Advances in Intelligent and Soft Computing,2011,105:479-485.

[4] Li J R,Khoo L P,Tor S B. Desktop virtual reality for maintenance training:an object oriented prototype system(V-REALISM)[J]. Computers in Industry,2003,52(2):109-125.

[5] Wang Q H,Li J R. Interactive visualization of complex dynamic virtual environments for industrial assemblies[J]. Computers in Industry,2006,57:366-377.

[6] 苏群星. 大型复杂装备虚拟维修训练平台技术研究[D]. 南京:南京理工大学博士学位论文,2005.

[7] 王晓光,苏群星. 沉浸式虚拟维修训练系统的关键技术[J]. 兵工自动化,2006,(2):33-34.

[8] Xie P,Shao T Z,Guo Y J. Research on development method of virtual maintenance training system of equipment[C]//Proceedings of the 2011 International Conference on Quality,Reliability,Risk,Maintenance,and Safety Engineering,2011.

[9] 方传磊,苏群星,刘鹏远,等. 导弹装备虚拟维修训练系统通用平台[J]. 计算机工程,2009,35(3):274-276.

[10] 蒋科艺,郝建平. 沉浸式虚拟维修仿真系统及其实现[J]. 计算机辅助设计与图形学学报,2005,17(5):1120-1123.

[11] 郝建平. 虚拟维修仿真理论与技术[M]. 北京:国防工业出版社,2008.

[12] 杨宇航,李志忠,郑力. 虚拟维修研究综述[J]. 系统仿真学报,2005,17(9):2191-2198.

[13] Gutiérrez T,Rodríguez J,Vélaz Y,et al. IMA-VR:a multimodal virtual training system for skills transfer in industrial maintenance and assembly tasks[C]//Proceedings of the 19th IEEE International Workshop on Robot and Human Interactive Communication,2010.

[14] de Sousa M P A,Filho M R,Nunes M V A,et al. Maintenance and operation of a hydroelectric unit of energy in a power system using virtual reality[J]. International Journal of

Electrical Power and Energy Systems,2010,32(6):599-606.

[15] 刘佳,刘毅. 虚拟维修技术发展综述[J]. 计算机辅助设计与图形学学报,2009,21(11):1519-1530.

[16] 王强,宋建社,曹继平,等. 复杂装备虚拟维修训练技术[J]. 兵工自动化,2009,28(12):1-3.

[17] Jenab K,Zolfaghari S. A virtual collaborative maintenance architecture for manufacturing enterprises[J]. Journal of Intelligent Manufacturing,2008,19(6):763-771.

[18] 欧立铭,徐晓刚,王建国,等. 协同虚拟维修及其关键技术[J]. 舰船科学技术,2010,32(11):122-125.

[19] 徐晓刚,欧立铭,邵承永,等. 舰员级多人协同虚拟维修开发平台[J]. 海军大连舰艇学院学报,2011,34(2):20-23.

[20] Li X Y,Gao Q H,Zhang Z L,et al. Collaborative virtual maintenance training system of complex equipments based on immersive virtual reality environment[J]. Assembly Automation,2012,32(1):72-85.

[21] Hubble's Optics[EB/OL]. http://hubblesite.org/discoveries/[1991-9-8].

[22] William W. Virtual environments in maintenance training[D]. Seattle:University of Washington,1998.

[23] Vora J,Nair S,Gramopadhye A K,et al. Using virtual reality technology for aircraft visual inspection training presence and comparison studies[J]. Applied Ergonomic,2002,33(6):559-570.

[24] Boeing Company. Boeing JSF concept demonstrator completes first flight [EB/OL]. http://www.boeing.com[1996-6-22].

[25] Ianni J D. Clark K,Blaney L,et al. Maintenance hazard simulation:a study of contributing factors[C]//Proceedings of the Annual Symposium on Human Interaction with Complex Systems,1996.

[26] Ianni J D,et al. DEPTH Final Report[R]. AD-A343646,1998.

[27] Ishii H,et al. Development of machine-maintenance training system using Petri net and virtual reality[C]//Proceedings of the CSEPC'96,1996.

[28] Ishii H,Tezuka T,Yoshikawa H. Study on design support system for constructing machine-maintenance training environment based on virtual reality technology[C]//Proceedings of the IEEE International Conference on Systems,Man and Cybernetics,1998.

[29] David K,Anand K G. Team training role of computers in the aircraft maintenance environment[J]. Computers & Industrial Engineering 1999,36(3):635-654.

[30] 杨宇航,李志忠,傅焜,等. 基于虚拟现实的导弹维修训练系统[J]. 兵工学报,2006,27(2):297-300.

[31] 田成龙,赵吉昌,赵春宇,等. 虚拟维修训练内容聚合模型[J]. 四川兵工学报,2009,30(9):35-37.

[32] 赵吉昌,李星新,田成龙,等. 基于NGRAIN的装备虚拟维修训练研究与实现[J]. 四川兵工学报,2009,30(9):25-27.

[33] 卢晓军,陈英武. 一个基于Jack的装甲车辆虚拟维修训练系统[J]. 火力与指挥控制,2010,35(6):107-109.

[34] 臧国华,李久超,姚兆. 虚拟维修训练的故障建模与仿真[J]. 科技博览,2009,(3):134.

[35] 杜松阳,王宪成,陈曼青. 基于Virtools 4.0的发动机虚拟维修训练系统关键技术[J]. 四川兵工学报,2009,30(9):41-43.

[36] 陈曼青,谷鹏冲,张凌旭. 虚拟装备维修训练系统中碰撞可能性预检测技术[J]. 测试技术学报,2010,24(4):328-333.

[37] 朱晓军,彭飞,刘世坚. 舰船维修虚拟训练平台建模方法研究[J]. 中国修船,2006,19(1):38-40.

[38] 常高祥,徐晓刚,王建国. 虚拟维修训练系统中数据库的应用[J]. 工程图学学报,2010,(5):157-162.

[39] Grudin J. Computer-supported cooperative work:history and focus[J]. IEEE Computer,1994,27(5):19-26.

[40] 史美林,向勇,扬光信. 计算机支持的协同工作理论与应用[M]. 北京:电子工业出版社,2000.

[41] 李敏强,王琛,周静. CSCW系统中协同机制及协同活动模型[J]. 系统工程与电子技术,2000,22(4):28-31,45.

[42] Yue W H,Wang C F,Zhang Q Y. Research on the computer supported cooperative shipbuilding system based on PDM[J]. Journal of Wuhan University of Technology,2006,28(S1):423-427.

[43] Convertino G,Farooq U,Rosson M B,et al. Supporting intergenerational groups in computer-supported cooperative work(CSCW)[J]. Behaviour and Information Technology,2007,26(4):275-285.

[44] 张冰,杨明,王子才. 大型复杂仿真系统 CSCW 环境的设计与实现[J]. 系统工程与电子技术,2002,24(2):68-72.

[45] 姜兆亮,郑波,冯仕红,等. 基于 CSCW 的复杂产品协同工艺设计[J]. 计算机工程,2004,30(2):81,82.

[46] Khan M, Sulaiman S, Tahir M, et al. Domain-based classification of CSCW systems[J]. Research Journal of Applied Sciences, Engineering and Technology, 2011, 3(11): 1315-1319.

[47] Paraiso E C, Campbell Y, Tacla C A. WebAnima: a web-based embodied conversational assistant to interface users with multi-agent-based CSCW applications[C]//Proceedings of the 12th International Conference on Computer Supported Cooperative Work in Design, 2008.

[48] ChenH, Qian J F, He Q M. A P2P architecture for supporting group communication in CSCW systems[C]//Proceedings of the 10th International Conference on Computer Supported Cooperative Work in Design, 2006.

[49] He F Z, Han S. A method and tool for human-human interaction and instant collaboration in CSCW-based CAD[J]. Computers in Industry, 2006, 57(8,9): 740-751.

[50] 宋孝林. 基于 CSCW 的协同 CAD 系统并发控制的研究与实现[D]. 西安:西北大学博士学位论文,2006.

[51] Ferreira J C A. Kad-an integrated CAD and CSCW system for the development of new product in industry business[C]//Proceedings of the 6th IEEE International Conference on Industrial Informatics, 2008.

[52] Jia X L, Zhang Z M, Tian X T. Research and application on collaborative process planning based on CSCW in aeronautic manufacturing enterprise[C]//Proceedings of the 12th International Conference on Computer Supported Cooperative Work in Design, 2008.

[53] 王旭辉,王彤. CSCW 技术在装备远程维修支持信息系统中的应用[J]. 火力与指挥控制,2010,35(1):132-135.

[54] 陈禹六. IDEF 建模分析和设计方法[M]. 北京:清华大学出版社,2000.

[55] Šerifi V, Dašic P, Jecmenica R, et al. Functional and information modeling of production using IDEF methods[J]. Journal of Mechanical Engineering, 2009, 55(2): 131-140.

[56] Booch G, Rumbaugh J, Jacobson I. UML 用户指南[M]. 邵伟忠,麻志毅,译. 2 版. 北京:人民邮电出版社,2006.

[57] Bendraou R, Jézéque J M, GervaisM P, et al. A comparison of six UML-based languages for software process modeling[J]. IEEE Transactions on Software Engineering, 2010, 36(5): 662-675.

[58] Írfan E, Nílsen K. Fuzzy pert and its application to machine installation process[J]. Journal of Multiple-Valued Logic and Soft Computing, 2009, 15(1): 65-79.

[59] Garcia P A A, Santana M C, Damaso V C, et al. Genetic algorithm optimization of preventive maintenance scheduling for repairable systems modeled by generalized renewal process [C]//Proceedings of the Joint ESREL and SRA-Europe Conference, 2009.

[60] Charongrattanasakul P, Pongpullponsak A. Minimizing the cost of integrated systems approach to process control and maintenance model by EWMA control chart using genetic algorithm[J]. Expert Systems with Applications, 2011, 38(5): 5178-5186.

[61] 安毅生,李人厚. 基于过程控制网的协同设计建模与分析[J]. 计算机集成制造系统, 2006, 12(9): 1352-1358.

[62] Su Y Y, Yu T B, Hou J M, et al. Research of collaborative process workflow modeling based on stochastic Petri nets[C]//Proceedings of the 12th International Conference on Computer Supported Cooperative Work in Design, 2008.

[63] 吴哲辉. Petri 网导论[M]. 北京:机械工业出版社, 2006.

[64] Jensen K, Kristensen L M, Wells L. Coloured Petri nets and CPN tools for modelling and validation of concurrent systems[J]. International Journal of Software Tools Technology Transfer, 2007, 9(3, 4): 213-254.

[65] 胡志刚. 常规潜艇维修过程建模与仿真方法研究[D]. 武汉:海军工程大学博士学位论文, 2007.

[66] Trappey A J C, Hsiao D W, Ma L. Maintenance chain integration using Petri-net enabled multiagent system modeling and implementation approach[J]. IEEE Transactions on Systems, Man and Cybernetics, 2011, 41(3): 306-315.

[67] Stephen M, Harry A. Hand-in-glove human-machine interface and interactive control: task process modeling using dual Petri nets[C]//Proceedings of the 1998 IEEE International Conference on Robotics and Automation, 1998.

[68] Jiao J X, Zhang L F, Prasanna K. Process variety modeling for process configuration in mass customization: an approach based on object-oriented Petri nets with changeable structures[J]. International Journal of Flexible Manufacturing Systems, 2004, 16(4): 335-361.

[69] Kocí R, Janoušek V, Zboril J F. Object oriented Petri nets-modelling techniques case study[J]. International Journal of Simulation: Systems, Science and Technology, 2009, 10(3): 31-43.

[70] Lee D Y, Chung S Y, Hwang M J, et al. Adaptive modeling of robotic assembly using augmented Petri nets[C]//Proceedings of the 2007 American Control Conference, 2007.

[71] 张磊,向德全. 模糊 Petri 网在军用信息系统效能分析中的应用[J]. 海军工程大学学报, 2007, 19(6): 86-89.

[72] Guo Y Z, Zeng J C. Decision-making and controlling for products collaborative design implement process based on Fuzzy Petri net[C]//Proceedings of the 2011 International Conference on Advanced in Control Engineering and Information Science, 2011.

[73] 胡涛,杨春辉,杨建军. 基于 CPN 的复杂装备系统维修任务建模仿真研究[J]. 海军工程大学学报, 2008, 20(6): 25-30.

[74] Ha S, Suh H W. A timed colored Petri nets modeling for dynamic workflow in product development process[J]. Computers in Industry, 2008, 59(2,3): 193-209.

[75] Lee E J, Jeong I J, Lee J. Petri net based synthesis method to construct optimal controllers and its application to a jobshop scheduling[C]//Proceedings of the 8th International Conference on Intelligent Systems Design and Applications, 2008.

[76] 杨元,黎放,侯重远,等. 协同维修过程的合成 Petri 网建模与分析[J]. 北京航空航天大学学报, 2011, 37(6): 711-716.

[77] Ullah S, Liu X, Otmane S, et al. What you feel is what I do: a study of dynamic haptic interaction in distributed collaborative virtual environment[J]. Lecture Notes in Computer Science, 2011, 6762(2): 140-147.

[78] 郭蕴华,陈定方. 面向分布式虚拟设计的协同工作环境研究[J]. 计算机辅助设计与图形学学报, 2005, 17(1): 143-150.

[79] 刘巨保,陈冬芳,李新宇. 对等式协同设计系统数据一致性研究[J]. 计算机工程, 2008, 34(14): 90-91, 97.

[80] Srinivasan S. Efficient data consistency in HLA/DIS ++[C]//Proceedings of the 1996 Winter Simulation Conference, 1996.

[81] Gautier L, Diot C, Kurose J. End-to-end transmission control mechanisms for multiparty interactive applications on the internet [J]. Proceedings IEEE INFOCOM, 1999, 3: 1470-1479.

[82] Mauve M, Vogel J, Hilt V, et al. Local-lag and timewarp: providing consistency for replica-

ted continuous applications[J]. IEEE Transactions on Multimedia,2004,6(1):47-57.

[83] 陈红. 协同虚拟环境的一致性控制研究[D]. 杭州:浙江大学博士学位论文,2005.

[84] 余晓峰. 分布式虚拟环境中的一致性控制技术研究[D]. 重庆:重庆大学博士学位论文,2006.

[85] 刘杰,周以齐,赵兴方. 基于HLA的复杂产品协同设计中数据一致性[J]. 北京工业大学学报,2009,35(12):1591-1596.

[86] 刘杰,周以齐,曲海明,等. 基于HLA的复杂产品协同设计环境[J]. 北京工业大学学报,2009,35(10):1320-1326.

[87] 郭学旭,王云鹏,潘翔,等. 计算机辅助协同设计系统并发控制机制的研究[J]. 计算机辅助设计与图形学学报,2004,16(2):201-205.

[88] Goundar K,Singh S,Ye X F. An investigation into concurrency control mechanisms in data service layers [C]//Proceedings of the 14th Asia-Pacific Software Engineering Conference,2007.

[89] Mao Q R,Zhan Y Z,Wang J F. Optimistic locking concurrency control scheme for collaborative editing system based on relative position[J]. Lecture Notes in Computer Science,2005,3168:406-416.

[90] 李虎,金茂忠,姚淑珍,等. 二维协同工作空间的并发操作加锁协议[J]. 计算机辅助设计与图形学学报,2006,18(2):231-237.

[91] Byun C,Yun I,Park S. A new optimistic concurrency control in valid XML[J]. Journal of Information Science and Engineering,2009,25(1):11-31.

[92] Mamun Q E K,Nakazato H. Timestamp based optimistic concurrency control[C]//Proceedings of the IEEE Region 10 Annual International Conference,2005.

[93] Shao H G,Cheng H Y,Chen X. Performing admission control concurrently in core-stateless networks[J]. Journal of Networks,2009,4(10):1034-1041.

[94] Ouertani M Z,Gzara L. Tracking product specification dependencies in collaborative design for conflict management[J]. Computer Aided Design,2008,40(7):828-837.

[95] 李增林,徐晓刚,邵承永,等. 装备虚拟协同维修中的冲突控制对策[J]. 海军大连舰艇学院学报,2011,34(5):30-33.

[96] 林志军. 协同设计中的冲突检测与消解技术研究[D]. 武汉:武汉理工大学博士学位论文,2006.

[97] Andreescu D,Ionescu F,Riehle H. Modelling and simulation of human body by considering

the skeleton's bones[C]//Proceedings of the Fifth IASTED International Conference on Biomechanics,2007.

[98] 秦文虎,吴宇晖,赵正旭,等. 虚拟角色骨骼模型建立方法研究[J]. 计算机应用与软件,2008,25(1):185-186,197.

[99] 李艳,王兆其,毛天露. 三维虚拟人皮肤变形技术分类及方法研究[J]. 计算机研究与发展,2005,42(5):888-896.

[100] Zhou X J,Zhao Z X. The skin deformation of a 3D virtual human[J]. International Journal of Automation and Computing,2009,6(4):344-350.

[101] 夏开建,王士同. 改进的骨骼蒙皮算法模拟皮肤变形[J]. 计算机应用与软件,2009,26(12):174-176.

[102] Yesil M S,Güdükbay U. Realistic rendering and animation of a multi-layered human body model[C]//Proceedings of the International Conference on Information Visualization, 2006.

[103] Komatsu K. Human skin model capable of natural shape variation[J]. The Visual Computer,1988,3(5):265-271.

[104] Mohr A,Gleicher M. Building efficient,accurate character skins from examples[J]. ACM Transactions on Graphics,2003,21(3):562-568.

[105] Sloan P P,Rose C,Cohen M. Shape by example[C]//Proceedings of the Symposium on Interactive 3D Graphics,Research Triangle Park,2001.

[106] Kry P G,James D L,Pai D K. EigenSkin:Real time large deformation character skinning in hardware[C]//Proceedings of ACM SIGGRAPH Symposium on Computer Animation, 2002.

[107] 沈娟,李建微. 动作捕捉中的动画驱动及运动编辑技术综述[J]. 计算机与数字工程,2008,36(3):103-106.

[108] Yann S. Stretchable cartoon editing for skeletal captured animations[C]//Proceedings of SIGGRAPH Asia 2011 Sketches,2011.

[109] 吴升,张强,肖伯祥,等. 一种新的光学运动捕捉数据处理方法[J]. 计算机应用研究,2009,26(5):1938-1940,1964.

[110] 肖伯祥,张强,魏小鹏. 人体运动捕捉数据特征提取与检索研究综述[J]. 计算机应用研究,2010,27(1):10-13.

[111] Dou W F,Song X D,Zhang X Y. Design and implementation of synchronized collaborative system upon heterogeneous CAD systems[J]. Journal of Algorithms and Computational

Technology,2011,5(3):451-473.

[112] 倪强,朱光喜．计算机支持下协同工作研究现状综述[J]．计算机工程与应用,2000,36(4):5-7.

[113] IEEE Std 1516-2000. IEEE standard for modeling and simulation(M&S):high level architecture(HLA)-framework and rules[S]. IEEE Computer Society,2000.

[114] IEEE Std 1516. 1-2000. IEEE standard for modeling and simulation(M&S):high level architecture(HLA)- federate interface specification[S]. IEEE Computer Society,2000.

[115] 周彦,戴剑伟．HLA 仿真程序设计[M]. 北京:电子工业出版社,2002.

[116] 马立元,董光波．基于 HLA 的分布式交互仿真技术及其应用[J]. 计算机工程,2003,29(22):103-105.

[117] IEEE Std 1516. 2-2000. IEEE standard for modeling and simulation(M&S):high level architecture(HLA)-object model template specification[S]. IEEE Computer Society,2000.

[118] 刘兴堂,梁炳成,刘力,等．复杂系统建模理论、方法与技术[M]. 北京:科学出版社,2008.

[119] Zha X F. Integration of the STEP-based assembly model and XML schema with the fuzzy analytic hierarchy process(FAHP) for multi-agent based assembly evaluation[J]. Journal of Intelligent Manufacturing,2006,17(5):527-544.

[120] 史忠植．智能主体及其应用[M]. 北京:科学出版社,2000.

[121] Johnson W L,Ricbel J,Stiles R. Integrating pedagogical agents into VE[J]. Presence:Teleoperators and Virtual Environments,1998,7(6):523-546.

[122] Barella A,Carrascosa C,Botti V,et al. Multi-agent systems applied to virtual environments:a case study[C]//Proceedings of the ACM Symposium on Virtual Reality Software and Technology,2007.

[123] Mahdjoub M,Monticolo D,Gomes S,et al. A collaborative design for usability approach supported by virtual reality and a multi-agent system embedded in a PLM environment[J]. Computer Aided Design,2011,42(5):402-413.

[124] 张毅,胡勤友,施朝健．HLA 与 MAS 在分布式仿真领域的应用比较[J]. 计算机技术与发展,2006,16(1):150-153.

[125] Lees M,Logan B,Theodoropoulos G. Distributed simulation of agent-based systems with HLA[J]. ACM Transactions on Modeling and Computer Simulation,2007,17(3):1-25.

[126] Cicirelli F, Furfaro A, Nigro L. An agent infrastructure over HLA for distributed simulation of reconfigurable systems and its application to UAV coordination[J]. Simulation, 2009, 85(1): 17-32.

[127] Wang X H, Zhang L. Multi-agent systems simulation base on HLA framework[J]. Lecture Notes in Electrical Engineering, 2011, 123: 339-346.

[128] DMSO. High level architecture federation development and execution process (FEDEP) model[Z]. Version 1.5, 2001.

[129] Ma Y G, Gao J Q, Ma L Y, et al. Study on fault diagnosis based on the qualitative/quantitative model of SDG and genetic algorithm[C]//Proceedings of the 2006 International Conference on Machine Learning and Cybernetics, 2006.

[130] 刘颖, 朱元昌, 邸彦强. 面向维修训练的故障建模、仿真与评估[J]. 计算机工程, 2007, 33(13): 245-247.

[131] 梁丰. 导弹发射车电液系统故障仿真平台设计与开发[D]. 西安:第二炮兵工程大学博士学位论文, 2011.

[132] Li X Y, Huang X X, Zhang Z L, et al. Fault diagnosis training system for hydraulic system of large-scale armament based on physical simulation model and BP neural network[C]//Proceedings of the IASTED International Conference on Modelling, Simulation, and Identification, 2009.

[133] 李向阳, 张志利, 黄先祥, 等. 大型武器装备故障诊断训练系统仿真开发研究[J]. 系统仿真学报, 2009, 21(21): 6770-6773.

[134] 李建军, 卫军胡, 赵健鸣, 等. 基于 Petri 网矩阵模型仿真的改进算法[J]. 系统仿真学报, 2004, 17(8): 2015-2021.

[135] Silva C F, Quintáns C, Colmenar A, et al. A method based on petri nets and a matrix model to implement reconfigurable logic controllers[J]. IEEE Transactions on Industrial Electronics, 2010, 57(10): 3544-3556.

[136] Liao J J, Wang M Z, Yang C R. A new method for structural analysis of Petri net models based on incidence matrix[J]. Journal of Information and Computational Science, 2011, 8(6): 877-884.

[137] Zhong Y G, Xue K, Zhan Y. Modeling and analysis of panel hull block assembly system through timed colored Petri net[J]. Marine Structures, 2011, 24(4): 570-580.

[138] Aguiar M, Barreto R, Caldas R, et al. Modeling and analysis of flexible manufacture sys-

tems through hierarchical and colored Petri nets[C]//Proceedings of the IEEE International Conference on Industrial Technology,2008.

[139] Huang H Z,Zu X. Hierarchical timed colored Petri nets based product development process modeling[J]. Lecture Notes in Computer Science,2005,3168:378-387.

[140] 方贤文,许志才,殷志祥. 基于颜色 Petri 网和 Lookahead 的数据分发管理研究[J]. 计算机工程与应用,2007,43(24):97-99.

[141] Lv Y,Lee C K M. Application of hierarchical colored Petri net in distributed manufacturing network[C]//Proceedings of the IEEE International Conference on Industrial Engineering and Engineering Management,2010.

[142] Zhai D S,Chai L J,Li L. Multi-agent scheduling system modeling and simulation based on hierarchical timed colored Petri net[C]//Proceedings of the International Conference on Web Information Systems and Mining,2009.

[143] Deng Q,Yang,L P. Research on product development resource allocation modeling based on hierarchical colored Petri net[J]. Applied Mechanics and Materials,2011,44-47:138-142.

[144] 罗雪山,罗爱民,张耀鸿,等. Petri 网在 C4ISR 系统建模、仿真与分析中的应用[M]. 长沙:国防科技大学出版社,2007.

[145] Qi F. A assembly modeling method based on assembly feature graph-tree model[C]//Proceedings of IEEE 16th International Conference on Industrial Engineering and Engineering Management,2009.

[146] Li G D,Zhou L S,An L L,et al. A system for supporting rapid assembly modeling of mechanical products via components with typical assembly features[J]. International Journal of Advanced Manufacturing Technology,2010,46(5-8):785-800.

[147] Zaid L A,Kleinermann F,De Troyer O. Feature assembly framework: towards scalable and reusable feature models[C]//Proceedings of the 5th Workshop on Variability Modeling of Software-Intensive Systems,2011.

[148] Ianni J D. A specification for human action representation[J]. SAE Transactions,1999,108(1):401-408.

[149] 周宁宁,李爱群,赵正旭,等. 虚拟环境中人体运动的控制与实现[J]. 南京邮电大学学报(自然科学版),2006,26(6):56-60.

[150] 黄波士,陈福民. 人体运动捕捉及运动控制的研究[J]. 计算机工程与应用,2005,41(7):

60-63.

[151] Shen J, Thalmann D. Interactive shape design using meatballs and splines[C]//Proceedings of Eurographics Workshop on Implicit Surfaces'95, 1995.

[152] Scheepers F, Parent R E, Carlson W E, et al. Anatomy-based modeling of the human musculature[C]//Proceedings of the SIGGRAPH'97, 1997.

[153] Cordier F, Magnenat-Thalmann N. Real-time animation of dressed virtual humans[J]. Computer Graphics Forum, 2002, 21(3): 327-336.

[154] Lee W, Gu J, Magnenat-Thalmann N. Generating animatable 3D virtual humans from photographs[J]. Computer Graphics Forum, 2000, 19(3): 1-10.

[155] Ji P, Zhang H H. Surface deformation of virtual human technology based on interpolation algorithm[C]//Proceeding IEEE 10th International Conference on Computer-Aided Industrial Design and Conceptual Design, 2009.

[156] 张风林，刘思峰．一个改进的 Huffman 数据压缩算法[J]．计算机工程与应用，2007，43(2)：73-74.

[157] Ashraf G, Wong K C. Generating consistent motion transition via decoupled framespace interpolation[J]. Computer Graphics Forum, 2000, 19(3): 447-456.

[158] Šenk M, Chèze L. 3D angle decomposition and the appearance of the gimbal lock in kinematics of the shoulder[C]//Proceedings of Modelling and Simulation, 2004.

[159] Meister L, Schaeben H. A concise quaternion geometry of rotations[J]. Mathematical Methods in the Applied Sciences, 2005, 28(1): 101-126.

[160] Hu C, Meng M Q H, Mandal M, et al. Robot rotation decomposition using quaternions [C]//Proceedings of the 2006 IEEE International Conference on Mechatronics and Automation, 2006.

[161] Lee J K, Park E. A fast quaternion-based orientation optimizer via virtual rotation for human motion tracking[J]. IEEE Transactions on Biomedical Engineering, 2009, 56(6): 1574-1586.

[162] 姚旭东．基于运动捕捉数据的虚拟人建模及运动仿真[J]．计算机仿真，2010，27(6)：225-229.

[163] 刘贤梅，李冰，吴琼．基于运动捕获数据的虚拟人动画研究[J]．计算机工程与应用，2008，44(8)：113-114.

[164] Bruderlin A, Williams L. Motion signal processing[C]//Proceedings of the ACM SIG-

GRAPH on Computer Graphics,1995.

[165] Gleicher M. Motion editing with spacetime constraints[C]//Proceedings of the Symposium on Interactive 3D Graphics,1997.

[166] Gleicher M,Litwinowicz P. Constraint-based motion adaptation[J]. Journal of Visualization and Computer Animation,1998,9(8):65.

[167] Gleicher M. Comparing constraint-based motion editing methods[J]. Graphical Models, 2001,63(2):107-134.

[168] Thalmann D,Shen J,Chauvineau E. Fast realistic human body deformations for animation and VR applications[C]//Proceedings of Computer Graphics International Conference, Pohang,1996.

[169] Naturalpoint Corporation. Tutorial of optitrack arena motion capture system:installation of system[EB/OL]. http://www. naturalpoint. com/optitrack/products /arena/tutorials. html[2011-10-12].

[170] Naturalpoint Corporation. Tutorial of optitrack arena motion capture system:implementation of system[EB/OL]. http://www. naturalpoint. com/optitrack/products /arena/tutorials. html[2011-11-11].

[171] Jung SK,Wohn K Y. Tracking and motion estimation of the articulated object:a hierarchical Kalman filter approach[J]. Real Time Imaging,1997,3(6):415-432.

[172] Silaghi M C,Plankers R,Boulic R,et al. Local and global skeleton fitting techniques for optical motion capture[J]. Lecture Notes in Computer Science,1998,1537:26-40.

[173] Herda L,Fua P,Plankers R,et al. Using skeleton-based tracking to increase the reliability of optical motion capture[J]. Human Movement Science,2001,20(3):313-341.

[174] Schwartz M H,Rozumalski A. A new method for estimating joint parameters from motion data[J]. Journal of Biomechanics,2005,38(1):107-116.

[175] 黄海明,刘金刚. 一种精确而快速的关节中心判定算法[J]. 系统仿真学报,2005,17(4):815-818,821.

[176] Liu G D,McMillan L. Estimation of missing markers in human motion capture[J]. Visual Computer,2006,22(9-11):721-728.

[177] Müller M,Roder T. Motion templates for automatic classification and retrieval of motion capture data[C]//Proceedings of the ACM SIGGRAPH/Eurographics Symposium on Computer Animation,2006.

[178] 肖伯祥,魏小鹏,张强,等. 光学运动捕捉散乱数据处理的一种方法[J]. 系统仿真学报,2008,20(2):382-385.

[179] Zhang Q, Wu S, Xiao B X, et al. Dynamic template-based optical motion capture data processing[J]. Journal of Information and Computational Science, 2008, 5(6):2479-2488.

[180] Badawi M, Donikian S. The generic description and management of interaction between autonomous agents and objects in an informed virtual environment[J]. Computer Animation and Virtual Worlds, 2007, 18(4,5):559-569.

[181] 朱英杰,李淳芃,马万里,等. 沉浸式虚拟装配中物体交互特征建模方法研究[J]. 计算机研究与发展,2011,48(7):1298-1306.

[182] Frederick K, Richard W, Judith D. 计算机仿真中的HLA技术[M]. 付正军,王永红,译. 北京:国防工业出版社,2003.

[183] 柴旭东,李伯虎. 一种优化的DDM实现策略[J]. 系统仿真学报,1999,11(4):231-233.

[184] 陈利风,顾浩,曹志敏,等. 复杂大系统中数据分发管理的几种实用方法[J]. 系统仿真学报,2004,16(5):923-925.

[185] 张亚崇,孙国基,严海蓉,等. 基于HLA/RTI的分布式交互仿真中数据分发管理的研究[J]. 系统仿真学报,2004,16(6):1284-1287.

[186] 张亚崇,孙国基,严海蓉,等. 分布式交互仿真中一种新的数据分发管理算法的研究[J]. 系统仿真学报,2005,17(1):91-94.

[187] 詹磊,潘清. HLA/RTI中数据分发管理服务实现策略研究[J]. 装备指挥技术学院学报,2005,16(2):113-116.

[188] 战玉芝,刘怀勋,李佳. 一种统一HLA时间同步机制的代理接口[J]. 系统仿真学报,2008,20(2):357-359.

[189] 王克明,熊光楞. 复杂产品的协同设计与仿真[J]. 计算机集成制造系统,2003,9(S1):15-19.

[190] Ulriksson J, Ayani R. Consistency overhead using HLA for collaborative work[C]//Proceedings of the 9th IEEE International Symposium on Distributed Simulation and Real-Time Applications, 2005.

[191] 肖田元,范文惠. 基于HLA的一体化协同设计、仿真、优化平台[J]. 系统仿真学报,2008,20(13):3542-3547.

[192] Naturalpoint Corporation. NatNet API user's guide[Z]. Version2. 2. 0, 2010.